Adrian Seeland

Prothetik. Die Chance auf neue Mobilität und Lebensqualität

GRIN Verlag

Bibliografische Information der Deutschen Nationalbibliothek:

Die Deutsche Bibliothek verzeichnet diese Publikation in der Deutschen Nationalbibliografie; detaillierte bibliografische Daten sind im Internet über http://dnb.d-nb.de/ abrufbar.

Impressum:

Druck und Bindung: Books on Demand GmbH, Norderstedt Germany
ISBN: 978-3-656-53175-3

Dieses Buch bei GRIN:

http://www.grin.com/de/e-book/232360/prothetik-die-chance-auf-neue-mobilitaet-und-lebensqualitaet

Prothetik – Die Chance auf neue Mobilität und Lebensqualität

Facharbeit

Inhalt

1. Einleitung

In der vorliegenden Arbeit analysieren wir die historische Entwicklung der Prothesen vom Altertum bis in die heutige Zeit. Hierbei werden der Vergleich und die Darstellung gesundheitlicher Auswirkungen einer Prothese im Mittelpunkt stehen. Weiterhin stellen wir die Veränderung der Möglichkeiten zur Anfertigung einer Prothese im Laufe der Zeit und die daraus resultierenden Neuerungen dar. Um den Umfang dieser Arbeit in einem überschaubaren Rahmen zu halten, beschränken wir uns überwiegend auf die Produkte der Firma Otto Bock. Dabei beschränken wir uns hauptsächlich auf Prothesen unterer Extremitäten und Hand-Prothesen. Zum besseren Verständnis der Funktionsweise und des Aufbaus einer modernen Beinprothese, beziehen wir uns auf das Bein und den Gangzyklus eines gesunden Menschen. Ausgehend von verschiedensten Kriterien, wie dem Mobilitätsgrad, der Amputationshöhe und den technischen Möglichkeiten, werden die jeweiligen Prothesenpassteile erklärt. Die einzelnen Prothesenträger haben jeweils verschiedene Ansprüche in Bezug auf die Leistungsfähigkeit im täglichen Leben. Um eine für den Mobilitätsgrad der Personen passende Prothese herzustellen, wurde das MOBIS®-System entwickelt, welches ebenfalls in unserer Arbeit analysiert wird. Darüber hinaus stellen wir eine Übersicht der einzelnen Spezifikationen des Geniums und C-Legs her, die den Trägern im Alltag zu Nutzen kommen. Dazu zählt auch die Aqua-Line Prothese, die es ermöglicht Nassbereiche, wie zum Beispiel Schwimmbäder oder Duschen sicher zu betreten.

Um Informationsmaterial zu sammeln, haben wir die Ausstellung des Unternehmens Otto Bock in Duderstadt besucht. Dabei verschaffte uns ein Mitarbeiter des Unternehmens einen Überblick über die Entwicklung des Unternehmens Otto Bock sowie von herausragenden technischen Leistungen der vergangenen Zeit. Da wir weitere praktische Anwendungsbeispiele zur Erstellung der Seminarfacharbeit benötigten, besichtigten wir die Orthopädie- und Rehatechnik-Messe in Leipzig.

2 Die Entwicklung der Prothetik vom Altertum bis in die Neuzeit

Mittlerweile sind Prothesen der heutigen Generation in der Lage, gesunde Körperteile in fast all ihren Funktionen ersetzen zu können. Gehen, Laufen und Sprinten sind Aktionen im alltäglichen Leben, welche dank modernster Technik kein Problem mehr für Prothesenträger darstellen. Aber diese Errungenschaften der modernen Prothetik wären nicht ohne die Erfindungen im Altertum möglich gewesen, da sich der technische Stand der Neuzeit auf dem Wissen der Vergangenheit aufgebaut hat. Um die Technik und Funktionswiese der modernen Prothesen nachvollziehen zu können, stellen wir zuerst die Entwicklung der Prothetik von der Antike bis in die Neuzeit dar. Dabei gehen wir auf die Entdeckungen der Geschichte ein, welche richtungsweisend für die Entwicklung der Prothetik waren.

2.1 Prothesen im Altertum

Die älteste bekannte Beinprothese stammt aus dem 4.-3. Jahrhundert vor Christus (vgl.Abb.1). Sie ist eine Unterschenkelprothese und wurde in einem römischen Grab in Capua, einer Stadt südlich in Italien, gefunden. Die Prothese besteht innen aus Holz, ist mit Bronzeblech beschlagen und weist Gebrauchsspuren auf, was vermuten lässt, dass sie sowohl im Alltag, als auch im Kampf, zum Einsatz kam. Befestigt wurde die Prothese mit Haltern aus Eisen am Oberschenkel[1]. Sie gehörte wahrscheinlich einem reichen römischen Soldaten, welcher sich die Prothese anfertigen ließ, um seinen Beruf weiterhin ausüben zu können. Hergestellt wurde diese Prothese vermutlich von einem römischen Schmied, welcher die Soldaten auf ihren Eroberungszügen durch das Land begleitete.

Ebenfalls existiert in der Literatur eine Erzählung von Herodot, einem griechischen Geschichtsschreiber, Geograph und Völkerkundler, welcher von Hegesistratos erzählt. Hegesistratos war in Gefangenschaft geraten und trug eine Fußfessel. Um wieder frei zu kommen, amputierte er sich selber den Fuß. Seine Flucht gelang. Danach ließ er sich eine Prothese aus Holz für den fehlenden Fuß fertigen, die ihn angeblich sogar wieder kampfbereit gemacht haben soll (vgl. Abb. 2). Herodot nennt die Prothese in seinen Erzählungen ohne weitere Er-

[1] Wilfried Knoche, Stefan Bieringer, Beat Rüttimann: Prothesen der unteren Extremität - Die Entwicklung vom Altertum bis 1930, Dortmund 2006, S. 48

läuterungen, woraus sich schließen lässt, dass die Konstruktion damals bekannt gewesen sein muss[2].

Auch waren Stockstelzen (vgl. Abb. 3) im Altertum keine Seltenheit. Verbreitet waren sie vor allem im afrikanischen Raum. Doch da sich die Römer mit den Stockstelzen nicht zufrieden gaben, weil sie als Prothesen für die Sklaven galten, waren diese um den Mittelmeerraum herum eher eine Seltenheit. Allgemein sind nur wenige Angaben über Prothesenversorgungen aus der Antike in der heutigen Zeit bekannt. Ein Grund dafür ist, dass die Operationen sehr schmerzhaft waren, und viele schon bei der Amputation des Körperteils ihr Leben verloren hatten. Auch gab es, z.B. in Mesopotamien, Strafen für Ärzte, wenn ihr Patient bei einer Operation verstarb. Dann wurden ihnen z.B. ihre Hände oder die Finger abgehackt. Die Entwicklung der Prothetik war noch nicht weit fortgeschritten, so diente eine Beinprothese meist nur dem Zweck, dass der Betroffene Stehen konnte. Schnelles und angenehmes Gehen waren nicht möglich. Die Prothetik des Altertums bezieht sich fast ausschließlich auf die unteren Extremitäten, was darauf zurückzuführen ist, dass eine Handprothese viel zu kompliziert in der Herstellung war, und in den meisten Fällen nicht ihren Zweck erfüllen konnte. In der Antike gab es also schon Prothesen, allerdings waren diese noch nicht ausgereift genug, um ein gesundes Körperteil ersetzen zu können.

2.2 Prothesen im Mittelalter

2.2.1 Prothesen der unteren Bevölkerungsschicht

Vom Altertum bis in das Mittelalter sank der Lebensstandard der einfachen Bevölkerung stark. Dies wirkte sich auch auf die Entwicklung der Prothetik aus. Im Mittelalter besaßen die Armen meist nur einfache Stützen, welche ihnen das Aufstehen nur kurz und ein Gehen gar nicht ermöglichten (vgl. Abb. 4). Richtige Prothesen, welche ein Körperteil ersetzen konnten, gab es für die untere Bevölkerungsschicht nicht, da sie nicht über die finanziellen Mittel verfügten, sich eine Prothese herstellen zu lassen. Die Stützen wurden meist von den Armen selber geschnitzt, und waren sehr mangelhaft, da niemand über das nötige Wissen verfügte, eine stabile Prothese herzustellen.

Wie auch im Altertum, waren die medizinischen Möglichkeiten in dieser Zeit begrenzt. Bei Operationen war die Überlebenschance nach wie vor sehr gering. Da es auch im Mittelalter noch keine Narkosemittel gab, erlebte der Patient die Operation bei vollem Bewusstsein, und

[2] Wilfried Knoche, Stefan Bieringer, Beat Rüttimann: Prothesen der unteren Extremität - Die Entwicklung vom Altertum bis 1930, Dortmund 2006, S. 49

litt so unter unvorstellbar großen Schmerzen[3]. Zum anderen war der Blutverlust bei so einer Operation meist viel zu groß, sodass dieser vom Körper nicht ausgeglichen werden konnte, und die Patienten während der Operation verstarben. Dadurch lässt es sich auch erklären, dass es über lange Zeit keinen technischen Fortschritt in der Prothetik gab, weil kaum eine Nachfrage nach teuren Prothesen, welche eine wirkliche Erleichterung darstellen könnten, bestand. Das Fehlen eines Armes oder Beines war im Mittelalter immer mit dem sozialen Abstieg verbunden. Der Beruf konnte in den meisten Fällen nicht weiter ausgeführt werden, und somit war Betteln oft der einzige Weg, um noch etwas Geld zu bekommen. Da es zu dieser Zeit noch keine Versicherungen gab, die einem Arbeiter bei Arbeitsunfähigkeit durch Geldzahlungen vor dem sozialen Abstieg bewahren konnten. So mussten Menschen mit Behinderungen ihr Leben am Rande der Gesellschaft verbringen, ohne die Aussicht, dass sich an dieser Situation jemals wieder etwas ändern könnte.

Eine Person, die eines ihrer Körperteile im Krieg verloren hatte, wurde dagegen von einem Kloster, einem Adelshaus oder der Bevölkerung mit versorgt[4]. Die Behinderten waren meist dort anzutreffen, wo sich das tägliche Leben vieler Menschen abspielte. Somit zählten Marktplätze und Kirchen zu den beliebtesten Punkten einer Stadt, an denen sich dann auch die Versehrten aufhielten. Gegen eine Geldzahlung beteten sie für den Spender und boten ihm so als Gegenleistung das Seelenheil an.

Säuglinge dagegen, welche mit einer Behinderung auf die Welt kamen, galten im Mittelalter als vom Teufel verflucht. Sie wurden als Bestrafung für die Eltern angesehen und nach der Geburt sofort getötet[5].

Wie schon genannt, wurden die Prothesen von den Behinderten selber hergestellt. Sie bestanden aus Holz, da andere stabilere und bessere Materialen, wie zum Beispiel Eisen, in dieser Zeit so knapp waren, dass sich ein Bettler diese nicht leisten konnte. Die Prothesen wurden von Hand hergestellt. Meistens diente dabei nur ein einfaches Schnitzmesser als Werkzeug. Die Vorlage für die eigene Prothese war meist die eines anderen Behinderten, den man auf der Straße täglich sah. Konstruktionszeichnungen einer Prothese gab es nicht, zumal es keine Möglichkeit für die Armen gab, eine aufwendigere Prothese herzustellen. Somit gab es auch

[3] Wilfried Knoche, Stefan Bieringer, Beat Rüttimann: Prothesen der unteren Extremität- Die Entwicklung vom Altertum bis 1930, Dortmund 2006, S. 52
[4] http://www.itgoberfranken.de/gensler/www.Mittelalter/behi/behinderte_im_mittelalter.htm; 14.08.2012
[5] http://www.itg-oberfranken.de/gensler/www.Mittelalter/behi/behinderte_im_mittelalter.htm; 14.08.2012

keinen Zentralen Ort, wie zum Beispiel eine Manufaktur, an dem neue Prothesen entwickelt und hergestellt wurden. Infolge dessen, dass sich jeder seine Prothese selber herstellte, konnte es über Jahrhunderte nicht zu der Entwicklung eines professionellen Unternehmens kommen, welches sich auf die Entwicklung der Prothetik spezialisierte. Auf Grund der mangelnden finanziellen Möglichkeiten der meisten Behinderten, bestand keine Nachfrage auf dem Markt nach speziell angefertigten Prothesen.

2.2.2 Prothesen der oberen Bevölkerungsschicht

Die Prothesen der Reichen weisen in der Regel keine großen Unterschiede zu den Prothesen der Armen auf[6]. die Entwicklung der Prothetik war im Mittelalter noch nicht so fortgeschritten, sodass es selbst für Behinderte mit viel Geld keine Möglichkeiten gab, sich eine Prothese anfertigen zu lassen, welche in der Lage gewesen wäre, zu einer Verbesserung der Lebenssituation beizutragen. Meistens bestand der einzige Unterschied zwischen den Prothesen der Armen und Reichen darin, dass es bei den Prothesen der oberen Bevölkerungsschicht einen Längenausgleich[7] gab. Auch die Materialien, aus denen die Prothesen hergestellt wurden, waren meistens gleich. Bei den Prothesen der Reichen wurde, wie auch bei den Prothesen der Armen, überwiegend Holz verwendet. Ein normaler Gang war auch mit den Prothesen, welche die Reichen trugen, ebenfalls nicht möglich. Meist besaßen die Reichen neben der Prothese noch Gehhilfen oder Stützen, denn nur mit diesen waren sie in der Lage, das Gleichgewicht zu halten. Das Fortbewegen über größere Distanzen, sowie über unebenen Untergrund, wie zum Beispiel Felder oder Sümpfe, war ebenso nicht möglich, da die Bewegen mit einer Prothese sehr viel Kraft kostete, und das spitze Ende der Prothesen leicht auf matschigem Untergrund einsank. Zudem besaßen die Prothesen keine große Standsicherheit, und beim Laufen rutschte man auf Grund der geringen Auflagefläche leicht weg. Weiterhin gewährleistete die Prothese kein Abrollen, wodurch selbst normales Gehen so kraftintensiv war, dass nur kurze Strecken zurückgelegt werden konnten.

Die große Ausnahme und Innovation der Prothetik im Mittelalter stellt die Armprothese des Götz von Berlichingen dar (vgl. Abb. 5). Gottfried „Götz“ von Berlichingen zu Hornberg wurde um 1480 geboren und starb am 23. Juli 1562. Er war ein fränkischer Reichsritter, wel-

[6] Wilfried Knoche, Stefan Bieringer, Beat Rüttimann: Prothesen der unteren Extremität - Die Entwicklung vom Altertum bis 1930, Dortmund 2006, S. 55

[7] Längenausgleich : Die Prothese ist so lang, dass beide Beine gleich lang sind

cher am 23.Juni 1504 bei der Belagerung Landshuts seine rechte Hand verlor[8]. Da er mit nur einer Hand seinen Beruf als Ritter nicht weiter ausüben konnte, ließ er sich eine Prothese aus über 200 Einzelteilen in einer Uhrenmacherwerkstatt herstellen. Anfertigungsort war wahrscheinlich Augsburg oder Nürnberg[9]. Über den Entwickler dieser Prothese ist nichts bekannt, auch nicht über den Vorgang der Herstellung. Die Prothese wog 1,5kg und wurde aus Leder und Metall gefertigt. Sie ermöglichte Götz von Berlichingen, Gegenstände, wie z.B. sein Schwert, zu greifen und auch festzuhalten. Es ist überliefert, dass die Prothese dem Ritter sogar erlaubte, wieder an Kämpfen und Turnieren teil zu nehmen. Das Greifen eines Gegenstandes funktionierte über eine mechanische Rasterung. Wenn er ein Schwert mit seiner künstlichen Hand halten wollte, so legte er es sich mit seiner gesunden Hand an die Finger der Prothese, und zog diese an den Prothesenarm heran, wodurch die künstlichen Finger zusammen mit dem künstlichen Arm das Schwert umschlossen. So lag das Schwert fest in seiner Hand. Wenn der Ritter nun das Schwert, welches er in der Prothesenhand hielt, wieder loslassen wollte, musste er mit seinem gesunden linken Arm auf einen Knopf an der Prothese drücken, worauf sich die Rasterung lockerte und das Schwert fallen gelassen wurde (vgl. Abb. 6). Diese Darstellung der Vorgehensweise zeigt, dass Götz von Berlichingen seine künstliche Hand nicht alleine nutzen konnte, er brauchte stets seine zweite, gesunde Hand, um die Prothese bedienen zu können. Daher ist zu vermuten, dass von Berlichingen in einer Schlacht nur das Schild, oder die Zügel seines Pferdes mit seiner künstlichen Hand hielt, denn dabei musste er seine gesunden Arm nicht als Hilfe in Anspruch nehmen.

Anhand der Prothese des Götz von Berlichingen wird gezeigt, zu welcher technischen Leistung Prothesenhersteller des Mittelalters fähig waren. Doch blieb die Prothese wahrscheinlich ein Unikat, da es keine Überlieferungen von der Herstellung oder Benutzung einer weiteren künstlichen Hand dieser Art gibt.

Die Prothese galt als technisches Meisterwerk der Uhrenmacher, und war eine Sensation. In ganz Mitteleuropa wurde von ihr gesprochen, und sie entfachte hitzige Diskussionen darüber, ob sich ein Mensch Körperteile nachfertigen lassen durfte. Denn im Mittelalter waren die Menschen, und vor allem die Kirche, der Ansicht, dass der Verlust eines Körperteils von Gott gewollt sei, und man so durch den Ersatz des Körperteils gegen den Willen Gottes handelte. Die Entwicklung und Herstellung der Prothese dauerte wahrscheinlich über ein halbes Jahr,

---

[8] http://de.wikipedia.org/wiki/G%C3%B6tz_von_Berlichingen; 21.09.2012

[9] Eigenes Bild von einem Zeitstrahl, Ausstellung bei Otto Bock, Duderstadt

da Götz von Berlichingen seine Hand im Juni 1504 verlor, und er seine künstliche Hand bei der Rückkehr nach Jagsthausen bekam, nachdem er bis Fasching 1505 sein Krankenbett nicht verlassen konnte[10]. Die Prothese wurde aus über 200 Einzelteilen hergestellt und war so detailgetreu, dass sogar eingestanzte Fingernägel die Prothese zierten. Da zuvor im Mittelalter kaum Prothesen für Hände hergestellt wurden, weil sie komplizierter anzufertigen waren als Prothesen der unteren Extremitäten, macht dies die Prothese noch einzigartiger. Auch war die Prothese des Götz von Berlichingen die erste Handprothese, welche beweglich war, und nicht nur zur optischen Verschönerung des Körpers diente. Die Prothese war meiner Meinung nach die größte Revolution auf dem Gebiet der Prothetik im Mittelalter.

2.3 Prothesen im Sechzehnten Jahrhundert

Im sechzehnten Jahrhundert wurden die Beinprothesen durch Ambroise Paré revolutioniert. Ambroise Paré (um 1510-1590) war der königliche Chirurg, welcher die französische Armee betreute[11]. Die Soldaten mussten zur damaligen Zeit während den Schlachten und auf den Wegen zu den Kriegsschauplätzen weite Strecken zu Fuß zurücklegen. Ritter, welche ein Bein im Kampf verloren hatten, waren nicht mehr in der Lage, an den Schlachten teilzunehmen. Da es allerdings sehr teuer war, immer wieder neue Krieger anzuheuern, stellte der König von Frankreich Ambroise Paré die finanziellen Mittel zur Verfügung, um neue fortschrittlichere Prothesen zu entwickeln. Ziel war es, die Prothesen so zu optimieren, dass auch Ritter mit Behinderungen wieder am Kampfgeschehen teilnehmen konnten. Daraufhin entwickelte Paré eine Prothese, welche der Grundstein für alle heutigen Prothesen ist. Nachdem die Prothesen vorher meist nur einfach am Stumpf des abgetrennten Beines befestigt wurden, und so wackelten und abfielen, wurde der Stumpf nun in die Prothese eingebettet. Bei den vorherigen Beinprothesen hat oftmals das Material am Bein des Verletzten gescheuert und so immer wieder neue, offene Wunden verursacht. Durch die Einbettung des Beinstumpfes in die Prothese konnte dies nun weitgehend vermieden werden (vgl. Abb. 7). Die Prothese wurde dann am Kleidungsstück, welches den Oberkörper bedeckte, meistens einem Wams, durch Schnallen festgemacht. Das Fußgelenk der Prothesen war ein Scharniergelenk (vgl. Abb. 7), welches ein besseres Abrollen des Fußes ermöglichte. Durch diese Erneuerung war das Gehen mit einer Prothese nicht mehr so kraftaufwendig wie vorher, und es konnten so weitere Strecken zurückgelegt werden. Außerdem erhielt die Prothese dann noch ein Überzug aus Eisen, welcher

---

[10] http://de.wikipedia.org/wiki/G%C3%B6tz_von_Berlichingen; 22.09.2012
[11] Wilfried Knoche, Stefan Bieringer, Beat Rüttimann: Prothesen der unteren Extremität- Die Entwicklung vom Altertum bis 1930; Dortmund 2006; S. 56/57

sie einer Ritterrüstung noch ähnlicher machte, sodass die Prothese im Kampf kaum erkennbar war. Dr. Franz Schede vermutet zu der Prothese: „Das hohe Gewicht hat den praktischen Wert dieser Prothese stark herabgesetzt.“[12]. Davon ausgehend, dass die komplette Prothese sowie der Überzug vollkommen aus Eisen bestand, muss sie meines Erachtens nach sehr schwer gewesen sein, viel schwerer als ein normales Bein. Das dürfte den Träger dieser Prothese an einem nahezu normalen Gang gehindert haben. Das Gehen mit zwei vom Gewicht her unterschiedlichen Beinen ist sehr kompliziert, auf die Dauer sehr anstrengend und verlangt ein gutes Gleichgewichtsvermögen. Hätte die Prothese innen aus einem leichteren Material bestanden und dann einem Überzug aus Eisen, so wäre die Prothese vielleicht nicht ganz so robust gewesen, aber sie hätte dem Träger einen leichteren und natürlicheren Gang ermöglicht und er hätte so noch weitere Strecken mit der Prothese zurücklegen können. Das hohe Gewicht der Prothese ist wahrscheinlich der Hauptgrund, warum sie so schnell wieder in Vergessenheit geriet. Ein weiterer Grund für die rechte kurze Dauer der Verwendung dieser Prothesentechnik ist, dass sie nicht sehr weit verbreitet war. Dies könnte damit zusammenhängen, dass diese Prothese nur für das königliche Heer bestimmt war, und somit auch nur für das Heer produziert wurde. Die Prothese war zu schwer für einen normalen Gang, und somit auch für den Kampf nur schlecht oder gar nicht zu gebrauchen. Dennoch war die Umsetzung eines Scharniergelenkes am Fuß einer Prothese revolutionierend, da so erstmals in der Geschichte der Prothetik ein federnder Gang möglich war.

Aus Florenz stammen aus dem 16. Jahrhundert Überlieferungen weiterer Prothesen, welche nur für die königliche Armee hergestellt wurden (vgl. Abb. 8). Sie bestanden ebenfalls aus Eisen, und wurden, wie auch bei den Prothesen von Paré, für das Heer von den Waffenschmieden hergestellt. Bei dieser Prothese sind das Kniegelenk, sowie das Fußgelenk beweglich. Der Schaft, in den der Stumpf gesteckt wurde, ist mit Leder ausgehüllt, wodurch das Tragen der Prothese angenehmer war, da sich die Haut beim Gehen nicht an dem Eisen abscheuerte[13]. Durch einen neuartigen Aufbau, der wie eine Art Beingerüst, was innen hohl ist, erscheint, wurde für diese Prothesen vergleichsweise weniger Eisen verwendet, als für die Prothesen, welche Paré herstellen ließ. Die Prothesen wogen durchschnittlich 3 Kilogramm, und damit so viel, wie eine heutige Prothese. Die Bundesfachschule für Orthopädietechnik hat die Prothese aus Florenz nachgebaut, und meinte zu ihrer Arbeit: „Die Anfertigung war rela-

[12] Wilfried Knoche, Stefan Bieringer, Beat Rüttimann: Prothesen der unteren Extremität- Die Entwicklung vom Altertum bis 1930; Dortmund 2006; S. 56/57

[13] Wilfried Knoche, Stefan Bieringer, Beat Rüttimann: Prothesen der unteren Extremität- Die Entwicklung vom Altertum bis 1930; Dortmund 2006; S. 58/59

tiv aufwendig. Das Rundtreiben des Unterschaftes stellte eine große Herausforderung dar. Erst die moderne Technik des Elektroschweißens ermöglichte uns eine Schließung der Blechenden, und somit die Fertigstellung der Prothese." [14].Aus dieser Aussage lässt sich schließen, dass die Prothesen im 16. Jahrhundert an den Blechenden wahrscheinlich noch nicht geschlossen waren. Dies wiederum führte dazu, dass sich die Prothesen leichter verbogen, da die Konstruktion erst durch das Schließen des Kreises die meiste Stabilität bekommt, und so in der Lage ist, dass Gewicht des Körpers zu tragen. Aber dies ist nur eine Vermutung, weil es heute keine Prothesen mehr aus dieser Zeit gibt, und man so nicht mehr eindeutig feststellen kann, ob die Blechenden auch im 16. Jahrhundert schon geschlossen waren, oder nicht. Die Fußspitzen der Prothesen wurden aus Holz hergestellt. Das lässt sich damit erklären, dass dieser Bereich einer Prothesen am schnellsten abgenutzt wird, und somit immer mal wieder erneuert werden muss. Holz war eine günstige Alternative zum Eisen. Man konnte es sich nicht leisten, die Prothesen ständig mit Eisen nachzubessern. Holz nutzte sich zwar noch schneller ab, war aber auch billiger in der Reparatur. Das Kniegelenk der Prothesen war aus 3 Lamellen aufgebaut. Wenn der Oberschenkel genau auf dem Unterschenkel stand, Ober- und Unterschenkel also zusammen eine Gerade bildeten, lagen die 3 Lamellen übereinander. Sobald Oberschenkel und Unterschenkel in einem Winkel von 90 Grad zueinander standen, der Träger der Prothese also zum Beispiel auf einer Bank saß, dann schoben sich alle 3 Lamellen so auseinander, das sie das Knie nachbildeten.

2.4 Sauerbruchhand

Die Sauerbruchhand (vgl. Abb. 9) wurde 1915 erstmalig hergestellt und nach ihrem Entwickler Ernst Ferdinand Sauerbruch benannt. Dieser zählte Anfang des 20. Jahrhunderts zu den bedeutendsten Chirurgen und war an zahlreichen Innovationen in der Medizin und der Prothetik beteiligt[15]. Aufgrund des ersten Weltkrieges (1914-1918) gab es zahlreiche Verletzte, welche während des Gefechtes einige ihrer Körperteile verloren hatten, und auf die Hilfe von Prothesen angewiesen waren. So eröffnete sich eine Marktlücke, welche vorher noch nie in diesem Ausmaß vorhanden war. Sauerbruch konnte dadurch mit vielen Invaliden experimentieren, um seine Prothesen zu optimieren.

Ergebnis seiner Forschungen und technologischen Entwicklungen war die erste künstliche Hand, welche willkürlich vom Träger durch Muskelkraft gesteuert werden konnte. Bei der

[14] Wilfried Knoche, Stefan Bieringer, Beat Rüttimann: Prothesen der unteren Extremität- Die Entwicklung vom Altertum bis 1930; Dortmund 2006; S. 58/59

[15] http://de.wikipedia.org/wiki/Ferdinand_Sauerbruch; 30.09.2012

Operation des Patienten wurde ein Kanal von der Prothese in den Oberarm gelegt. Dadurch konnte die Prothese durch Muskelanspannungen bewegt werden. Mit dieser Neuheit wurde es dem Prothesenträger ermöglicht, die Hand durch Muskelanspannungen zu schließen und zu öffnen.

Der bekannteste Patient von Ferdinand Sauerbruch war Hubert Weber, ein Künstler, welcher im 2.Weltkrieg beide Hände verlor. Durch mehrere Operationen wurden dem Künstler zwei Prothesenhände an seine Stümpfe angesetzt, welche ihm sogar das Zeichnen wieder ermöglichten[16]. Doch die Sauerbruchhand konnte sich nicht lange auf dem Markt halten. Der Hauptgrund dafür war, dass die Prothese sehr teuer war, und sich die meisten Kriegsinvaliden die Prothese nicht leisten konnten. Weiterhin war die Operation für das Anbringen an den Arm so kompliziert, dass nur wenige Ärzte in der Lage waren, die Prothese operativ an einen Patienten anzubringen. Im Kanal, welcher durch den Arm an den Muskel gelegt wurde, bildeten sich zudem oft Entzündungen, welche zu so großen Schmerzen führte, dass die Prothese meist wieder abgenommen werden musste[17]. All diese Aspekte waren meistens die Gründe dafür, dass sich der Interessent gegen die Sauerbruchhand entschied, wodurch der Absatz dieser Prothese stark zurückging, und die Produktion im Verlauf eingestellt wurde. Dennoch war die Sauerbruchhand eine Revolution auf dem Gebiet der Prothetik, da sie die erste Prothese war, welche durch bloße Muskelkraft bewegt werden konnte.

3 MOBIS® - Individuelle Mobilitätsgrade

3.1 Erklärung des MOBIS® - Systems

Beim Bau einer Prothese achtet der Orthopädie-Techniker darauf, dass eine qualitativ hochwertige, auf den Patienten angepasste Prothese entsteht. Da nicht jeder Patient die gleichen physischen Eigenschaften besitzt, muss der Techniker aber auch berücksichtigen, dass er die auf den Patienten individuell abgestimmten Bauteile montiert. „Mit Hilfe des MOBIS®-Symbols erkennt der Orthopädie-Techniker auf einen Blick, für welchen Mobilitätsgrad und bis zu welchem Patientengewicht Funktionsteile wie Prothesenfüße, Knie- und Hüftgelenke empfohlen werden.“[18] Einerseits ist es wichtig, dass die Prothesenkomponenten durch zu hohes Körpergewicht und daraus folgender Überbelastung keinen Schaden nehmen. Andererseits müssen die Komponenten aber auch auf die Bedürfnisse der Patienten abgestimmt wer-

[16] Eigenes Bild von einem Zeitstrahl, Ausstellung bei Otto Bock, Duderstadt
[17] http://de.wikipedia.org/wiki/Sauerbruch-Arm; 03.10.2012
[18] http://www.ottobock.de/cps/rde/xchg/ob_de_de/hs.xsl/24259.html; 19.09.2012

den. Deshalb hat die Firma Otto Bock das MOBIS®-System entwickelt. Mithilfe dieses Systems können einzelne Patienten in verschiedene Gruppen unterteilt werden. So bekommen alte Leute, die zum Beispiel den Mobilitätsgrad eins besitzen eine weniger leistungsfähige Prothese, als junge Leute, die regelmäßigen Sport treiben. Bei der Betrachtung der oberen Hälfte des MOBIS®-Symbols (vgl. Abb. 21) kann festgestellt werden, dass es insgesamt vier Mobilitätsgrade gibt, die den einzelnen Patienten zugeordnet werden. Die erste Stufe steht für Innenbereichsgeher, die zweite für eingeschränkte Außenbereichsgeher, die dritte für uneingeschränkte Außenbereichsgeher und die letzte für uneingeschränkte Außenbereichsgeher mit besonders hohen Ansprüchen. Bei Betrachtung des unteren Teils des MOBIS®-Symbols (vgl. Abb. 22) wird deutlich, dass auch eine Einteilung der Patienten bezüglich des Gewichts vorgenommen wird. Hierbei wird aber nicht nur das reine Körpergewicht berücksichtigt, sondern es wird außerdem beachtet, dass der Prothesenträger auch zeitweise schwere Gegenstände trägt. Somit summieren sich nicht nur das Gewicht des Patienten und das Gewicht der getragenen Last, sondern folglich auch die Kraft, die letztendlich auf die einzelnen Prothesenkomponenten wirkt. Bei der Auswahl der Prothesen-Bestandteile werden aber immer die Teile betrachtet, die am wenigsten belastbar sind. „Wird z. B. ein Rohradapter 2R50 verwendet, so gilt für die gesamte Prothese: max. 100 kg Patientengewicht.“[19] Ein besonderer Vorteil des MOBIS® - Systems besteht darin, dass es sich schnell und leicht anwenden lässt. Die Abbildung 23 dient hierzu als Beispiel. Die blau ausgefüllten Felder kennzeichnen die einzelnen zutreffenden Felder des MOBIS®-Symbols. Die Zählrichtung wird immer durch die Kerbe am linken Rand des MOBIS®-Symbols festgelegt. Es wird also immer von links nach rechts gezählt. Im oberen Teil ist erkennbar, dass das Bauteil, in diesem Fall das neue „3R60 Modular-EBS-Kniegelenk“[20], für die Mobilitätsstufen zwei und drei geeignet ist. Also ist das Kniegelenk für eingeschränkte und uneingeschränkte Außenbereichsgeher dienlich. Im unteren Teil wird dargestellt, dass das Kniegelenk für Personen geeignet ist, die weniger als 125 kg wiegen.

3.2 Mobilitätsgrade und Therapieziele

Jede Person besitzt ein individuelles Bewegungsbedürfnis oder ist eventuell durch eine andere Krankheiten zusätzlich in ihrer Bewegungsfreiheit eingeschränkt. Um ein bestimmtes Therapieziel zu erreichen, wird deshalb jeder Amputierte in eine Mobilitätsstufe eingeordnet. Wie schon erwähnt gibt es vier verschiedene Stufen. Die erste Stufe ist durch eine stark begrenzte

---

[19] http://www.ottobock.de/cps/rde/xchg/ob_de_de/hs.xsl/603.html?id=8417; 19.09.2012
[20] http://www.ottobock.com/cps/rde/xchg/ob_com_de/hs.xsl/24272.html; 19.09.2012

Gehdauer und Wegstrecke gekennzeichnet, da der Patient aufgrund seines Zustandes nicht in der Lage ist weite Strecken zurückzulegen oder längere Zeit zu gehen. Dies ist oft bei älteren Menschen der Fall. Sie können sich, meist aus gesundheitlichen Gründen, nur innerhalb des Hauses bewegen. Auch ist es mit Prothesen, die für die Mobilitätsstufe eins ausgelegt sind, nur möglich auf ebenen Böden ohne Höhenunterschiede, wie zum Beispiel Treppen, zu laufen. Zudem sind schnelle Bewegungen nicht realisierbar. Trotz ihrer eingeschränkten Nutzfähigkeiten dienen diese Prothesen einer Verbesserung der Selbstständigkeit, denn sie sind für Patienten gebaut, die ohne eine Gehhilfe den ganzen Tag im Bett liegen oder im Rollstuhl sitzen müssten. Mit Hilfe der Prothese können diese Menschen wieder stehen und kleinere Wege innerhalb des Hauses selbstständig erledigen. So können sie zum Beispiel ohne fremde Hilfe auf die Toilette gehen oder Besuchern die Haustür öffnen. Also liegt das Therapieziel der ersten Mobilitätsstufe darin, dass der Patient wieder die Möglichkeit zu stehen erlangt und sich innerhalb der eigenen Wohnung bewegen kann. Personen mit der Mobilitätsstufe zwei sind ebenfalls gesundheitlich angeschlagen und können somit auch keine weiten Wegstrecken zurücklegen. Auch die Gehgeschwindigkeit ist begrenzt. Außerdem unterscheidet sich das Therapieziel der zweiten Mobilitätsstufe nicht wesentlich von dem der ersten. Es kommt lediglich dazu, dass sich der Patient auch außerhalb des Hauses bewegen und kleinere Höhenunterschiede, wie zum Beispiel Bordsteine, kleinere Stufen und unebene Böden überwinden kann. Somit erlangen die Träger eine höhere Mobilität und können kleinere Entfernungen außerhalb des Hauses bewältigen. Folglich ist es diesen Personen möglich, zum Beispiel die Post aus dem Briefkasten zu holen, mit dem Hund spazieren zu gehen oder ihre Nachbarn zu besuchen. Die dritte Mobilitätsstufe setzt sich im Wesentlichen durch die mittlere bis hohe Gehgeschwindigkeit von der zweiten Mobilitätsstufe ab. Es können aber auch die meisten Hindernisse, wie zum Beispiel vielstufige Treppen und steilere Anstiege überwunden werden. Das Therapieziel der dritten Stufe beinhaltet ebenfalls die Wiederherstellung der Stehfähigkeit und die Fortbewegungsmöglichkeit innerhalb und außerhalb des Hauses. Außerdem ist die Bewegungs- bzw. Gehfähigkeit im Außenbereich nur unwesentlich eingeschränkt ist. Der Patient besitzt weiterhin die Möglichkeit aktiv im Berufsleben mitzuwirken, solange die einzelnen Prothesenkomponenten nicht zu sehr mechanisch belastet werden. Ist der Patient durch weitere körperliche und/ oder umweltliche Einschränkungen (Behinderungen, besondere Lebensbedingungen) beeinflusst, so ist eine erhöhte Gewährleistung des Sicherheitsbedarfs nötig. Diese Gewährleistung wird durch die einzelnen Komponenten einer Prothese für die dritte Mobilitätsstufe realisiert. Die vierte und letzte Mobilitätsstufe, die für „uneingeschränkte Außenbereichsgeher mit besonders hohen Ansprüchen"[21] bestimmt ist, zeichnet sich durch die besonders hohe Leistungsfähigkeit der Patienten aus. Das Ziel der vierten Mobilitätsstufe ist weitestgehend identisch mit dem Therapieziel der dritten Mobilitätsstufe. Hinzukommt hierbei die uneingeschränkte Geh- und Mobilitätsfähigkeit. Somit kann sich dieser, genau wie ein Patient der Mobilitätsstufe drei, uneingeschränkt fortbewegen. Dadurch entstehen kaum Nachteile in Bezug auf einen Menschen, der noch zwei gesunde und voll erhaltene Beine besitzt. Die Gehdauer und die Wegstrecke sind unbegrenzt. Eine Prothese der Mobilitätsstufe vier muss aber im Gegensatz zu einer Prothese der dritten Mobilitätsstufe noch höheren Belastungen standhalten können. So wirken zum Beispiel „Stoßbelastungen, Spannungen und Verformungen"[22] auf die Prothese.

4 Beinprothesen der heutigen Generation

4.1 Qualitativ hochwertige Beinprothesen als Neustart für Patienten und Herausforderung für die Hersteller

Es ist immer wieder erstaunlich Kleinkindern beim Laufen lernen zu zusehen. Trotz gefühlten tausend Stürzen, raffen sie sich immer wieder auf, um einen erneuten Versuch zu starten. Und dies ist auch notwendig! Sich von Punkt A zum Punkt B zu bewegen gehört zu den wichtigsten Fertigkeiten im heutigen Leben, und ein gesundes Bein, welches eine natürliche Fortbewegung gewährleistet, ist die Voraussetzung dafür.

Doch was tun wenn man eines Tages im Krankenhaus aufwacht, sich an nichts erinnern kann und es nur heißt: Wir konnten ihr Bein nicht mehr retten? Dies kann in der heutigen Zeit so ziemlich jeden Menschen treffen. Gründe für Amputationen gibt es viele, egal ob Autounfälle, Kriegseinsätze, Erfrierungen, Blutvergiftungen oder Quetschungen. Die Welt in der wir Leben ist zwar, durch Medizinische Forschung, von Zeit zu Zeit sicherer geworden, doch einen Rundumschutz kann es trotzdem nicht geben.

Einerseits gäbe es nun die Möglichkeit sich mit einem Rollstuhl durch die Welt zu koordinieren. Aber dies bringt sehr viele Nachteile mit sich, so dass es für Menschen, welche bis zur Amputation ein aktives Leben genossen haben unter keinen Umständen möglich, den ehemaligen Lebensstandart durch einen Rollstuhl beizubehalten. Treppen, unebenes Gelände, und

[21] http://www.ottobock.de/cps/rde/xchg/ob_de_de/hs.xsl/603.html?id=8417; 02.10.2012
[22] http://www.ottobock.de/cps/rde/xchg/ob_de_de/hs.xsl/603.html?id=8417; 02.10.2012

weite Strecken werden zu Hindernissen, die ohne fremde Beihilfe kaum noch zu überwinden sind. Oftmals müsste die Wohnung behindertengerecht umgebaut werden, und auch im Beruf treten viele Probleme auf, so dass einer Amputation, ohne das allgemeine Gleichbehandlungsgesetz, sehr schnell auch eine Kündigung und in schweren Fällen auch Ausschluss aus der Gesellschaft folgen könnte.

Die bessere Lösung ist eine Prothese, diese kann das menschliche Bein zwar nicht vollkommen ersetzen, aber durch sie ist der Patient in der Lage, sein Leben auf annähernd gleiche Art und Weise fortzusetzten wie im gesunden Zustand. Um allen Ansprüchen der verschiedensten Anwender gerecht zu werden, wurden unzählige Techniken und Bauweisen entwickelt. Schließlich muss bedacht werden nicht jeder Beinstumpf die gleiche Form besitzt, nicht jeder Hauttyp dasselbe Verarbeitungsmaterial verträgt und es unfassbare Unterschiede in der Gangart eines jeden einzelnen Menschen gibt. Da durch eine Statistik des Jahres 2001, welche beinhaltet, dass in jenem Jahr 44.252 Amputationen offiziell nachgewiesen wurden[23], schätzungsweise 40000 operative Entfernungen der unteren Extremitäten in Deutschland jedes Jahr anfallen, herrscht unter den einzelnen Herstellern ein enormer Leistungsdruck. Mittlerweile ist die Palette an Beinprothesenarten um einen derartigen Wert gestiegen, dass aus dem Geschäft mit den „künstlichen Gliedmaßen“ ein ganzer Weltmarkt aufgebaut wurde. Um unter anderem die Bauteile einer Beinprothese zu erklären und ihre Funktionsweise zu beschreiben werden wir uns hauptsächlich auf die Produkte des Weltmarktführers Otto Bock beziehen.

4.2 Das Bein und der Gangzyklus eines Menschen

Das Bein des Menschen hat im gesunden Zustand stets folgenden Aufbau: Oberschenkel, Unterschenkel und Fuß. Die einzelnen Knochen können sozusagen als Gerüst für Muskeln, Sehnen, Bänder und Nerven betrachtet werden. Zusätzliche Verbindungsstücke zwischen den einzelnen Knochen sind unter anderem das Kniegelenk, in Verbindung mit der Kniescheibe, und das Hüftgelenk, welches einen optimalen Halt zwischen Oberschenkelknochen (Femur) und Beckenknochen gewährleistet.

Um nun aber genaueres über die Funktionsweise des Beins herauszufinden müssen wir vorerst den Gangzyklus eines gesunden Menschen analysieren. „Während des Gehens befindet

---

[23] http://www.wido.de/fileadmin/wido/downloads/pdf_krankenhaus/wido_kra_amputation_1104.pdf; 09.10.2012

sich abwechselnd ein Bein in der Standphase und das andere in der Schwungphase."[24] In Abb. 10 ist die Standphase des markierten Beins deutlich zu erkennen. Sie beginnt mit dem Fersenkontakt zum Boden. Danach erfolgt die Abrollbewegung der gesamten Fußsohle, so dass die Belastung von der Ferse auf den Fuß verlagert wird. Nachdem sich die Ferse vom Boden gelöst hat, werden der Vorderfuß bzw. die Zehen stark belastet. Doch da der andere Fuß nun Kontakt zwischen Boden und Ferse aufnimmt, beginnt für das markierte Bein jetzt die Schwungphase, die also mit der Ablösung der Zehen anfängt und mit dem erneuten Aufkommen der Ferse endet. Deshalb ist es auch möglich diese wiederum in zwei Phasen zu unterteilen. „Die Beschleunigungsphase verläuft von der Zehenablösung bis zur mittleren Schwungphase. In dieser Phase bewegt sich das Schwungbein beschleunigt nach vorne mit dem Ziel, das Körpergewicht nach vorne zu verlagern. Die Abbremsphase verläuft dann von der mittleren Schwungphase bis zum Fersenkontakt. Hier wird die nach vorne gerichtete Bewegung des Körpers abgebremst und der Fuß in einer kontrollierten Bewegung am Boden aufgesetzt."[25] Schließlich muss aber auch beachtet werden dass all diese Funktionen des Beins durch das Gehirn überwacht und gesteuert werden. Es bekommt die Information die durch unsere Sinnesorgane, wie Augen beim Laufen wahrnehmen, und kann den Gangzyklus dementsprechend anpassen.

Im Fall der heutigen „High-Tech Prothesen" werden Neigungen und Steigungen im Relief meistens durch Sensoren wahrgenommen, und das Gehirn wird so zu sagen durch einen Mikrochip ersetzt, der die Bewegungen steuert. Aber es bleibt weiterhin das schwerwiegende Problem bestehen, dass der Mikrochip und das Gehirn nicht verbunden sind. Dadurch kann man eine Beinprothese zwar als eine wahnsinnige Erleichterung für Amputationspatienten betrachten, aber sie sind dem menschlichen Bein, in Sachen Koordination und Motorik, um einiges unterlegen.

---

[24] "Ganganalyse und Gangschulung, Therapeutische Strategien für die Praxis" Seite18 Dominieck Beckers, Jos Deckers

[25] "Ganganalyse und Gangschulung, Therapeutische Strategien für die Praxis" Seite 21 Dominieck Beckers, Jos Deckers

4.3 Beinprothese als „Ersatzteil" des menschlichen Körpers

4.3.1 Die Amputationshöhe als „Maßeinheit"

Um ein erstes Grundgerüst einer Beinprothese, zur Anfertigung dieser, erhalten zu können, müssen jeder Zeit genaue und vor allem aktuelle Messungen vom Beinstumpf vorhanden sein. Im Laufe der Zeit verändert der Stumpf seine Form besonders in der Breite, meistens durch Druckstellen, Eindellungen und Wucherungen hervorgerufen. Worauf sich die Orthopädiemechaniker jedoch jederzeit verlassen können, ist die Amputationshöhe. Sie bleibt über einen längeren Zeitraum konstant und ist somit ein wichtiger Orientierungspunkt für die Konstruktion. In Abb. 11 sind die verschiedenen Ebenen des Beins auf nachvollziehbare Weise dargestellt. Angefangen mit dem kleinsten Übel, versteht man unter einer Fußamputation sowohl die Operative Entfernung eines Zehs als auch die gesamte Abtrennung des Fußes bis zum Knöchelgelenk. Sobald also Teile der Fußsohle und auch die unrsprünliche Beinlänge erhalten bleibt, so dass sich der Patient meist noch in der glücklichen Lage befindet mit dem übrig geblieben Teil seines Fußes die natürliche Gehweise nach etwas Übung praktisch unverändert beizubehalten, wird später mehr Wert auf die Ästhetik als auf die Funktion gelegt. Nach einer transtibialen[26] Amputation ist dies schon schwieriger. Denn jetzt werden Teile des Unterschenkels mit entfernt. Desweiteren kann dieser auch komplett aus dem Kniegelenk beseitigt werden. Doch die Knieexartikulation[27] bietet auch einige Vorteile. Der Oberschenkelknochen bleibt unberührt und dessen Knochenüberstand (Kondylus) kann somit für einen besseren Halt der Prothese sorgen, und der Beinstumpf des Patienten wird weniger stark belastet. Wird der Femur[28] aber beschädigt bezeichnet man diese Art der Amputation als transfemoral[29]. Jedoch unabhängig von der Höhe auf welcher das Bein vom Körper abgetrennt wurde, es bleibt immer ein Stumpf zurück, welcher der ständigen Pflege bedarf. Auch wenn es für die Patienten nach der Operation oft schwer fällt, sich mit der Situation zu Recht zu finden, ist es nicht sofort möglich eine passende Prothese zu entwerfen. Als erstes sollten alle Wunden am Beinstumpf abgeheilt sein. Zeitgleich muss er mit Hilfe eines Kompressionsstrumpfes oder einer Wicklung jeden Tag 24 Stunden komprimiert werden, damit dessen Form auf Dauer beibehalten wird. Erst wenn diese Vorsorge so gut wie möglich erfolgt ist, kann der Entwurf der einzelnen Bestandteile der Prothese Millimeter genau erstellt werden.

[26] Transtibial - in Höhe des Unterschenkels
[27] Knieexartikulation - Amputation des Beins bis zum Kniegelenk, ohne dass der Oberschenkelknochen verletzt wird.
[28] Femur = Oberschenkelknochen
[29] Transfemoral - in Höhe des Oberschenkels

4.3.2 Aufbau einer Beinprothese

Je nach Bedingung setzt sich eine Beinprothese grundsätzlich aus folgenden Bestandteilen zusammen: das Schaftsystem, der Prothesenfuß und gegebenenfalls ein Kniegelenk. Desweiteren müssen für jede einzelne Prothese Adaptionsteile maß genau angefertigt werden, hauptsächlich um dieselbe Beinlänge zu erreichen, welche vor der Amputation vorhanden war.

4.3.2.1 Schaftsysteme

Der Schaft einer Prothese sorgt für ausreichend Halt am Beinstumpf, einen angenehmen Sitz in ihr und ist gewissermaßen das Verbindungsstück zum Rest der Prothese und dem Liner, der nach der Kompression des Stumpfes passend angefertigt werden muss und den Beinstumpf vor Druckstellen schützt.

Dieser Liner wird über den Beinstumpf gezogen und muss somit aus hautverträglichen Substanzen, wie z.B. Silikon, Copolymer oder Polyurethan, bestehen. Solche Kunststoffe sind gekennzeichnet durch äußerste Strapazierfähigkeit, Anpassungsfähigkeit und eine elastische Form. Je nach Bedürfnissen der Anwender richtet sich ihre Auswahl nach dem jeweiligen Mobilitätsgrad.[30] Ohne Liner ist es möglich, dass es an den oft sehr empfindlichen Weichteilen des Stumpfes, also am Muskel- und Fettgewebe, zu Verletzungen und Quetschungen durch den Schaft kommt.

Das Schaftsystem besteht entweder aus festem Laminierharz oder auch aus weicheren Materialien die durch einen Carbonrahmen ihre Festigkeit erhalten (vgl. Abb. 12). Desweiteren gibt es die Möglichkeit Schäfte aus Polytol® (vgl. Abb.13) herzustellen, welches sich durch eine besondere Hautverträglichkeit und hohe Dauerelastizität auszeichnet. Otto Bock bietet außerdem eine Kombination aus Innenschaft, der aus Silikon besteht, und einem Außenschaft aus Carbon an, das SiOCX® TF Schaft System[31] , welches in Abb. 14 dargestellt wird. Da der Innenschaft nur aus Silikon besteht ist dieser besonders schonend zur Haut und verleiht als Polster einen angenehmen Tragekomfort für den Amputierten.

Doch egal welches Material verwendet wird, in einem unterscheiden sich die unterschiedlichen Typen nicht: alle Schaftsysteme arbeiten mit einem Unterdrucksystem, dass durch eine kleine Pumpe, die direkt an der Prothese befestigt ist, andauernd aufrecht erhalten wird. Somit ist es nicht möglich beim Gehen oder Rennen aus dem Schaft zu rutschen. Dieser Fall könnte ohne die getroffenen Maßnahmen recht schnell auftreten, da auf eine Prothese, die sich in

[30] http://www.ottobock.de/cps/rde/xchg/ob_de_de/hs.xsl/20389.html; 31.08.2012
[31] http://www.ottobock.de/cps/rde/xchg/ob_de_de/hs.xsl/44176.html; 01.09.2012

Bewegung befindet, viele Kräfte einwirken, unter anderem Stoß-, Rotations- und Schwerkräfte. „Stoßkräfte entstehen beim Auftreten der Ferse auf den Boden. Mithilfe von weichen Liner-Materialien und stoßabsorbierenden Füßen können Stoßkräfte minimiert werden. Rotationskräfte treten während der Standphase auf und können eine Rotation im Schaft auslösen. Durch die Form des Schaftes und mithilfe spezieller Anbindungstechniken (z.B. Unterdruck) werden Rotationskräfte reduziert. Scherkräfte sind auch unter der Bezeichnung Hubkräfte bekannt. Sie entstehen während der Schwungphase und können durch das richtige Liner-Material und das passende Verschlusssystem kontrolliert werden."[32]

4.3.2.2 Das künstliche Kniegelenk für Oberschenkelamputierte

Sobald die Amputationshöhe im Bereich der Knieexartikulation liegt oder sie übersteigt, also im Bereich des Oberschenkels liegt, wird für eine Prothese ein künstliches Kniegelenk benötigt, welches nicht zu stark abknicken darf aber den Patienten auch nicht zum Humpeln verleiten soll.

Es bieten sich hier verschiedene Systeme an, die für verschiedene Mobilitätsgrade und Bedürfnisse der Anwender entwickelt wurden. Grundsätzlich lassen sich vier verschiedene Funktionsweisen unterscheiden: Es gibt mechanische, pneumatische, hydraulische und computergesteuerte Kniegelenke.[33]

Die Funktionsweise eines mechanischen Kniegelenks ist sehr simpel. Eine Feder wird beim Knicken des Knies zusammengepresst und dämpft so die Bewegung nach hinten. Gleichzeitig gibt sie einen Kraftimpuls nach vorn um den Unterschenkel wieder in die vorherige Position zu bringen und das Knie durchzustrecken. Bei pneumatischen und hydraulischen Systemen verläuft diese Art der Dämpfung und Bewegung ähnlich, doch nicht durch eine Feder, sondern durch einen Zylinder, angefüllt mit Druckluft bzw. einer Flüssigkeit. Doch meistens wird hierbei ein Mikroprozessor benötigt, der durch Sensoren, Informationen über das Umfeld des Patienten erhält. Durch das Auswerten dieser Daten, innerhalb von Millisekunden, kann jederzeit genau berechnet werden wie viel Druck im Zylinder aufgebaut werden muss, um das Knie in den richtigen Winkel zu bringen und somit keine Gehbehinderung aufkommen zu lassen. Ein Beispiel für diese Art der Kombination zwischen hydraulischem und computergesteuertem Kniegelenk stellt das C- Leg Otto Bocks dar, welches auf Abb. 15 zu sehen ist.

---

[32] http://www.ottobock.de/cps/rde/xchg/ob_de_de/hs.xsl/20393.html; 01.09.2012

[33] http://www.orthos-hamburg.de/prothesen_kniegelenke.html; 07.09.2012

Erstmals vorgeführt 1997, wird das C-Leg als ein wahrer Meilenstein in der Geschichte der Prothesenentwicklung angesehen. Als erstes seiner Art, überzeugte es durch intelligente Steuerung und optimale Anpassung an die Gangbilder verschiedenster Anwender. Wie schon bereits erwähnt wird es durch einen Mikroprozessor gesteuert, der sich im oberen Teil, unter einer Carbonabdeckung geschützt, befindet. Dieser bezieht seine Informationen über einen Kniewinkelsensor, der direkt am Kniegelenk befestigt ist, und einen Momentsensor im Rohradapter. Alle 0,02 Sekunden werden somit neue Werte über Kniebeugung, sowie Winkelgeschwindigkeit und Belastung der Prothese aufgenommen.

Auf der Homepage von Otto Bock werden die wichtigsten Verbesserungen für den Patienten beschrieben: „Das Ergebnis ist ein System, das es Menschen ermöglicht, sich unbeschwerter zu bewegen, ohne ständig an ihre Prothese denken zu müssen. Das ist eine neue Lebensqualität für Prothesenträger! Ob beim alternierenden Treppabgehen, Gehen auf abschüssigen Schrägen oder auf unebenem Gelände (z. B. Waldboden) – das Beinprothesensystem stellt sich automatisch darauf ein. Auch Stolpern, Dunkelheit oder dichtes Gedränge stellen für den Amputierten kein unüberwindbares Problem mehr dar, da das C-Leg®/ C-Leg®compact durch den hohen Widerstand der Standphase gesichert ist und das Kniegelenk nur bei Bedarf in die Schwungphase schaltet. Der Anwender profitiert von vielen Vorteilen, die ihm die C-Leg®-Technologie bietet, wie z. B. der permanenten Standphasensicherung, der Möglichkeit, die Prothese während der Beugung zu belasten, der einem dynamischen Aufbau, geringerem Energieaufwand beim Gehen und einer möglichen Entlastung des Bewegungsapparates.“[34]

Durch seine vielen Einsatzmöglichkeiten ist das C- Leg ein Kniegelenk, dass sich den Anforderungen des 3. und 4. Mobilitätsgrades optimal anpasst. Es wurde speziell entworfen, für Menschen die trotz ihrer Beeinträchtigung, durch eine Amputation, eine hohe Bewegungsaktivität beruflich oder auch im alltäglichem Leben haben. Aber um uneingeschränkt leben zu können, fehlt neben dem Schaftsystem und dem Kniegelenk weiterhin eine passende Fußprothese.

4.3.2.3 Fußprothesen

Auch bei Prothesenfüßen gilt der Leitsatz: „Lernen von der Natur.“ Hinter dem menschlichen Fuß verbirgt sich daher eine perfekte Vorlage zur Konstruktion dieses Passteils, denn durch eine besonders anpassungsfähige Vorfußstruktur in Verbindung mit der tragenden Ferse bietet

[34] http://c-leg.ottobock.com/de/technologie.php; 18.09.2012

der Fuß sowohl hohe Mobilität, als auch einen sicheren Halt. Um einen Amputationspatienten, annähernd, den gleichen Komfort zu bieten, müssen sowohl Fersenknochen, Vorfußknochen und eventuell die Sehne Plantar Fascia (vgl. Abb. 16) durch Carbonersatzteile imitiert werden. Durch die meistens entstandene Dreiecksform des Prothesenfußes, ist dann das natürliche Abrollen von Ferse bis zu den Zehen auf gleiche Art und Weise gewährleistet wie im Fall des menschlichen Vorbildes. Auch das, im gesunden Zustand auftretende, Fußgewölbe[35] wird bei fast allen Prothesenfüßen, heutiger Generationen, stets vom menschlichen Fuß kopiert. Es dient in beiden Fällen in gewisser Weise als Stoßdämpfer.

Doch grundsätzlich lässt sich sagen, dass im Design und in der Funktionsweise nur wenig Grenzen gesetzt sind. Der Aufbau richtet sich generell nach den Mobilitätsgraden. So benötigen Innenbereichsbegeher, welche Mobilitätsgrad 1 besitzen, zum Beispiel keinen Carbonfuß, da diese ihren Ansprüchen weit überlegen sind. Stattdessen bieten sich Prothesenfüße an, welche meistens aus einem harten Holzkern bestehen und somit einen höheren Wert auf Ästhetik legen können (vgl. Abb. 17). Ihre Funktionen beschränken sich somit auf ein ansehnliches Stehvermögen und einen sicheren Fersenauftritt. Bei jüngeren und aktiveren Patienten gehören Carbonfüße in der heutigen Zeit jedoch zum technischen Standard. Wie bereits gesagt sind bei der Konstruktion dieser keine Grenzen gesetzt, solange die Wiederherstellung der Mobilität im Vordergrund steht. Da Patentrechte und Konkurrenz zwischen einzelnen Unternehmen es praktisch unmöglich machen einen allgemeinen Aufbau dieser Fußpassteile zu beschreiben werden wir versuchen die Zusammensetzung an dem Beispiel des Triton (vgl. Abb. 18) zu erklären. Um ihn mit dem Rohradapter des Kniegelenks oder bei Unterschenkelamputierten, direkt am Schaft zu befestige, benötigt man einen Adapter der sich sowohl beim Triton, als auch bei allen anderen Prothesenfüßen am oberen Ende befindet. Am Adapter knüpft die Carbon Vorfußfeder, welche über der Carbon Fersenfeder an die Basisfeder knüpft. Es lassen sich hier wieder die drei tragenden Federteile des Prothesenfußes erkennen. Zusätzlich besitzt der Triton eine Anschlussfeder zwischen Vorfuß und Ferse, mit dem Zweck für Stabilität zu Sorgen.

Auch auf der Messe für Orthopädietechnik wurde mir dieser Prothesenfuß im Vergleich zu seinem Vorgänger, dem Trias, vorgestellt. Eine besondere Funktion die ich nach Versuchen an Füßen anderer Hersteller wirklich nur am Vorgänger Trias und dem Triton feststellen konnte war, dass im Moment der Druckausübung auf den Fersenteil der Vorfuß zum Boden bewegte und somit die gesamte Kraft nicht nur dir Ferse belastete sondern die völlige Aufla-

[35] Fußgewölbe: Bezeichnung für den Hohlraum auf der Unterseite des Fußes

gefläche der Basisfeder. Dies sorgt für mehr Stabilität im Fall des Treppensteigens und anderen Extremsituationen, denn derselbe Effekt kann auch beim menschlichen Fuß beobachtet werden. Unbewusst wird im Moment des Auftretens mit der Ferse der Vorfuß, ohne Muskelanstrengung, auf Grund gesetzt und kann somit eine Abrollbewegung vollenden. Am Vergleichsmodell, der Prothesenfuß „Echelon“ (vgl. Abb. 19), war dies nicht möglich. Der Grund darin besteht im Aufbau. Auf der Abbildung sind nur zwei Carbonfedern zu erkennen, die dritte welche beim Triton Ferse und Vorfuß verbindet, fehlt. Demzufolge ist bewiesen worden, dass die beste Technik immer noch vom Menschen selbst ausgeht.

4.3.2.4 Hüftgelenksysteme

Als besonders schwerwiegend bei einer Amputation, wird die Beschädigung des Hüftgelenks angesehen. Man muss sich vorstellen, dass der Patient weder einen Sumpf besitzt, der ihm genügend Halt bietet, noch Muskulatur vorhanden ist, welche das Bein in eine natürliche Gehbewegung bringen könnte. Um auch diesen Personen ein mobiles Leben zu gewährleisten wurde das Helix3D Hüftgelenksystem® (vgl. Abb. 20) entwickelt. „Die spezielle Feder-Hydraulik-Kombination des Helix3D Hüftgelenksystems gleicht einen Großteil der fehlenden Hüftmuskulatur aus und reduziert den Kraftaufwand beim Gehen mit der Prothese. Sie ermöglicht ein gedämpftes und kontrolliertes Auftreten sowie ein harmonisches Abrollen des Fußes bei voller Belastung.“[36] Um Hüftexartikulationspatienten diesen Komfort zu bieten müssen bei der Auswahl anderer Prothesenpassteile Wert auf höhere Mobilitätsgrade gesetzt werden.

4.3.3 Zusammenstellung und gegenseitige Beeinflussung einzelner Prothesenpassteile

Wie man bereits erkennen konnte spielen bei der Auswahl des Schaftes, des Kniegelenks und des Fußes die Mobilitätsgrade eine tragende Rolle, da sie als Orientierungshilfe für den Patienten und den behandelnden Therapeuten dienen. Auch sollte beachtet werden, dass die einzelnen Passteile sich in den Mobilitätsgraden nicht zu sehr unterscheiden sollten. So sollte zum Beispiel kein C- Leg mit einem Leichtfuß ausgestattet werden, da man somit die Vorteile des C- Leg‘s nicht in optimaler Weise ausnutzen könnte. Folglich sollte es vorzugsweise mit einem Prothesenfuß dritten oder vierten Mobilitätsgrades kombiniert werden. Außerdem muss im Laufe der Zeit immer wieder ein Auge auf die Passform des Schaftes geworfen werden, da durch die bereits erwähnte Veränderung des Beinstumpfes, Hautflächen belastet werden die

[36] http://www.ottobock.de/cps/rde/xchg/ob_de_de/hs.xsl/15031.html; 13.10.2012

nie dafür ausgelegt waren eine solche Last zu tragen. Somit kommt es an besagten Stellen oft zu Hemmatomen, die starke Schmerzen verursachen können. Zusammengefasst muss eine Prothese unter ständiger Beobachtung stehen und unter bestimmten Bedingungen müssen einzelne Passteile sogar erneuert werden. Denn sobald, z.B. der Schaft sich nicht richtig an den Beinstumpf anpasst, macht jegliche noch so moderne Technik in Kniegelenk bzw. Fuß keinen Sinn mehr.

5 Verbesserung der Mobilität und Lebensqualität am Beispiel von Beinprothesen

5.1 Schwimmsport mit der Aqua-Line Produktlinie

5.1.1 Vorstellung der Prothese

Beinamputierte Menschen sehen die Möglichkeit Schwimmen zu gehen oder sich ohne Hilfe duschen zu können als eine Verbesserung ihrer Lebensqualität. Doch ist dies nicht mit gewöhnlichen Prothesen, wie zum Beispiel dem C-Leg möglich, weil diese nässeempfindliche Bauteile enthalten und somit beim Kontakt mit Wasser zerstört werden würden. Deshalb wird die Produktlinie Aqua-Line hergestellt. Wie auch bei der Genium und dem C-Leg wird die Prothese durch eine Verkleidung, dem Aqua-Line Cover nicht nur ansehnlicher, sondern auch natürlicher, da die Farbe des Covers auf die natürliche Hautfarbe exakt abgestimmt werden kann. Obendrein ist das Cover wasserfest, einfach abnehmbar und abwaschbar. Auch auf eine „individuell einstellbare Schwungphase“[37] muss der Träger nicht verzichten. Außerdem besitzt die Prothese eine Sperre des Aqua-Knies, wodurch eine Beugung des Kniegelenks nicht möglich ist. Sinn dieser Funktion ist ein sicherer Stand und eine bessere Mobilität im Wasser.

5.1.2 Besonderheiten der Schwimmprothese

Im Nassbereich, sei es in der Dusche oder im Schwimmbad, sind die Fliesen oft durch Wasser oder Seife sehr glatt. Um eine hohe Standsicherheit zu gewährleisten, kann das Aqua-Knie mit einem Handgriff gesperrt werden. Genauso wichtig ist es aber auch, dass der Prothesenträger nicht beim Laufen ausrutscht. Der insbesondere für den Nassbereich konstruierte Aqua-Fuß ermöglicht durch eine speziell geformte Anti-Rutsch-Sohle höchste Sicherheit beim Gehen auf glatten Untergründen. Ein weiterer Vorteil des Aqua-Fußes besteht darin, dass der große Zeh leicht absteht und somit selbst das Tragen von Flip Flops möglich ist. Das Kniege-

[37] Otto Bock: Aqualine - Auf ins Nass.; 2011; S. 1

lenk „Aqua-Knie“ ist ebenfalls wasserbeständig, korrosionsgeschützt und vor allem alltagstauglich, weil auch das Hinknien und die Aktivierung der Sperrfunktion problemlos möglich sind. Außerdem ist das Aqua-Knie besonders leicht konstruiert, um das Gesamtgewicht der Prothese zu reduzieren und somit den Tragekomfort zu erhöhen. Beim Schwimmen ist es aber von Vorteil, dass die Prothese etwas schwerer ist und somit nicht an der Wasseroberfläche treibt. Um dieses Kriterium zu realisieren, wurden kleine Schlitze in die Justierkernaufnahmen gefräst. Somit kann die Prothese nach Betreten des Schwimmbeckens mit Wasser volllaufen, um den Auftrieb zu minimieren und eine bessere Fortbewegung im Wasser zu ermöglichen. Verlässt der Träger das Wasser wiederum, „läuft dieses schnell und unauffällig über eine innenliegende Öffnung auf Knöchelhöhe ab.“[38] Somit kann sich der Träger unauffällig und sicher in öffentlichen Bädern bewegen, denn erst bei genauerer Betrachtung fällt auf, dass eine Person eine Aqua-Line-Prothese trägt.

5.2 Den Alltag meistern mit der Genium- und C-Leg-Prothese

5.2.1 Die Genium im täglichen Leben

Die Genium ist eine High-Tech-Prothese, die sich nicht nur durch das moderne Design, sondern auch durch die hochwertige Verarbeitung von qualitativ wertvollen Materialien von anderen Prothesen absetzt. Zukunftsweisend ist hierbei, dass die gesamte Prothese durch einen einzigen Mikroprozessor gesteuert wird. Nachdem die Prothese individuell auf den Patienten abgestimmt wurde, registriert diese verschiedenste Umweltfaktoren mithilfe von Sensoren. Genauer gesagt kann durch den Einsatz des Beschleunigungssensors festgestellt werden, wann sich der Träger in einer statischen oder in einer dynamischen Situation befindet, also wann er steht und wann er geht. So ist es für den Patienten kein Problem an einer Schräge zu stehen, ohne sich darauf konzentrieren zu müssen nicht nach vorn oder hinten zu kippen. Da die Prothese für die Mobilitätsgrade zwei bis vier geeignet und bis zu einem Anwendergewicht von bis zu 150 kg ausgelegt ist, ermöglicht sie dem Träger höchste Mobilität und sportliche Leistung.

Diesen Vorteil erkannte auch der aus Afghanistan stammende Hamed H., nachdem er nach Deutschland kam und eine Ausbildung zum Orthopädietechniker absolvierte. Hamed spielt in seiner Freizeit oft Volleyball. Hierbei wird die Prothese maximal beansprucht. Auf der

---

[38] http://www.ottobock.de/cps/rde/xbcr/ob_de_de/Dialog_MS_rehacare_2011_09_06_D_final_w.pdf; 18.09.2012

Homepage von Otto Bock berichtet er: „In einigen Situationen braucht man da ziemliche Sicherheit - und von den Bewegungen her, muss man ganz schön was leisten können."[39] Die Prothese macht aber nicht nur hohe sportliche Leistungen möglich, sondern ist auch für das normale Alltagsleben geeignet, in dem es Beinamputierte ohne Prothese nicht einfach haben würden.

Die Genium sorgt jedoch dafür, dass ein optimiertes physiologisches Gehen (OPG) möglich ist. Das heißt, dass der Tragekomfort durch Stoßdämpfung beim Auftreten und Begünstigung der Kniebeugung gesteigert wird. Außerdem ermöglichen die weiteren, sich im AXON Rohradapter befindlichen Sensoren dem Träger ohne große Anstrengung einen Schritt einzuleiten. Auch das Rückwärtsgehen und die Bewältigung von Höhenunterschieden, sei es durch schräge An- und Abstiege oder durch Treppen, ist somit kein Problem. Die Genium realisiert folglich ein optimiertes physiologisches Gehen, wodurch gleichzeitig „orthopädischen Folgeschäden vorgebeugt werden kann."[40] Das Risiko einer Verletzung der Wirbelsäule aufgrund von heftigen Stößen beim Auftreten ist dementsprechend beseitigt.

Ein weiterer Vorteil der Genium besteht darin, dass der im Kniegelenk befindliche Zylinder dem Beugungswinkel der Prothese den jeweiligen Bewegungsabläufen anpassen kann. Somit ist es möglich den natürlichen Bewegungsablauf, der in vier Phasen unterteilt ist, perfekt zu imitieren (vgl. Abb.24). Während der ersten und zweiten Phase, auch „PreFlex" und „Adaptive Yielding-Kontrolle" genannt, kommt es zur „Reduktion der Bodenreaktionskräfte für verbesserte Schockabsorption und erweiterte Kniebeugung, die orthopädische Folgeschäden minimiert [...] und [...] die Reduktion von Kompensationsbewegungen" bewirkt.[41] Die nächste Phase, die „Dynamische Stabilitätskontrolle", sorgt für eine bessere Stabilität beim Rückwärtsgehen. Hinzukommend sorgt die letzte, sogenannte Adaptive Schwungphasenkontrolle für keinerlei Begrenzung der Schrittvarianz und eine höhere Bodenfreiheit. Das heißt, dass der Abstand zwischen Boden und Prothesenfuß relativ groß ist, wodurch das Risiko des Stolperns minimiert wird. Des weiteren wird die Schwungphase dem natürlichen Vorbild angepasst.

Die Beugung des Kniegelenks durch den Hydraulik-Zylinder ist nur durch einen leistungsstarken Elektromotor möglich. Der Akku für diesen Motor muss in regelmäßigen Abständen

[39] http://www.gehen-mit-prothese.de/home/#expand24; 6.09.2012
[40] http://genium.ottobock.com/weltneuheit-opg/; 10.09.2012
[41] http://genium.ottobock.com/weltneuheit-opg/; 10.09.2012

von vier Tagen mittels eines magnetischen Ladegeräts, welches an der Rückseite der Prothese haftet, geladen werden. Während dieser Zeit kann die Prothese nicht benutzt werden und der Träger ist hinsichtlich seiner Mobilität eingeschränkt. Da die Ladezeit aber durchschnittlich nur fünf Stunden beträgt, kann der Akku nachts geladen werden, während der Träger schläft. Somit ist er nicht zwangsläufig in seiner Bewegungsfreiheit beeinträchtigt.

Außerdem stimmt sich die Genium durch ihre äußere Form auch auf die Kleidung und das Schuhwerk ab. Die Prothese ist dementsprechend so geformt, dass diese, wenn sie unter der Kleidung getragen wird, nicht von den natürlichen Extremitäten unterschieden werden kann. Trägt eine Person beispielsweise eine lange Hose über der Prothese, so fällt eine Differenzierung zwischen der künstlichen und natürlichen Wade schwer. Auch beim Tragen von Schuhen ist kein Unterschied zu sehen, es sei denn die Person hat offene Schuhe an, wie zum Beispiel Sandalen, und verzichtet auf Strümpfe. In diesem Fall würde aber durch die farbliche Anpassung des Fußes an die Hautfarbe trotzdem nur bei genauerem Hinsehen die Verschiedenheit erkennbar sein. Der Träger kann infolgedessen verbergen, dass er eine Prothese besitzt, und somit gesellschaftlichen Problemen aus dem Weg gehen. Dementsprechend muss er, beispielsweise bei einem Bummel durch die Stadt, nicht mehr mit unangenehmen Blicken oder Beleidigungen rechnen.

Anhand der zahlreichen Vorteile wird erkennbar, dass sich die Genium hinsichtlich der Verbesserung der Mobilität und Lebensqualität bewährt. Nicht nur im Alltag hilft sie deren Besitzern, sondern auch im Bereich des Sports. Wie zuvor schon am Beispiel von Hamed H. erklärt, ist es für eine Person mit einer Genium Prothese kein Problem in verschiedenen Sportarten aktiv zu sein, bei denen Geschwindigkeit und körperliches Geschick abverlangt wird. Zu diesen Sportarten zählen zum Beispiel Handball, Volleyball und Basketball. Aber auch die oft in der Freizeit durchgeführten Sportarten, wie zum Beispiel Frisbee, Badminton und Bowling, können von Genium-Trägern problemlos durchgeführt werden. Neben der Genium bietet aber auch das C-Leg, welches ebenfalls aus dem Hause Otto Bock stammt, ein hohes Maß an Tragekomfort, Sicherheit und zugleich Leistungsfähigkeit.

5.2.2 Alltägliche Einsatzmöglichkeiten des C-Leg's und des C-Leg compact

Wie auch die Genium Prothese ermöglicht das mikroprozessorgesteuerte C-Leg maximale Mobilität, sowohl im Alltag als auch bei sportlicher Betätigung. Das C-Leg ist zwar nur für ein Körpergewicht von bis zu 136 kg ausgelegt, dafür ist es aber für Träger, die die Mobilitätsstufen drei bis vier besitzen, geeignet. Somit kann das C-Leg maximalen Beanspruchungen standhalten. Wie auch die Genium besitzt das C-Leg eine optimierte Schwungphasenregelung, wodurch das natürliche Gangbild imitiert werden kann und eine mühelose Bewegung des Kniegelenks möglich ist.

Lisa K. aus Minneapolis, welche am Asperger-Syndrom erkrankt ist, berichtet auf der Homepage von Otto Bock über ihr Leben mit dem C-Leg. Sie ist Beraterin für Barrierefreiheit an der Saint Catherine University und hilft den Studenten besser in das Leben an der Universität und im Alltag integriert zu werden. Ihr Motto lautet: „Ich mache keine halben Sachen. Entweder ganz oder gar nicht!"[42] In der Universität muss Sie oft lange Strecken laufen und viele Treppen steigen. Dadurch, dass sich die Prothese automatisch auf die verschiedenen Bedingungen einstellt, ist dies kein Problem. Doch nicht nur an der Universität ist Lisa K. höchst aktiv. Auch bei ihr zu Hause erledigt sie Gartenarbeit oder beschäftigt sich mit ihren Hunden. Hierbei ist es erforderlich, dass sich die Prothese permanent auf die verschiedenen Untergründe, wie zum Beispiel Waldboden, Rasen oder Asphalt einstellt, um eine optimale Bewegungs- und Standsicherheit zu gewährleisten. Außerdem sagt sie in dem Interview, dass sie es liebt, mit ihrer Familie zelten zu gehen oder sogar Fahrrad zu fahren. Sie berichtet: „Ich habe einen Laden gefunden, in dem Sie mir ein Liegerad anfertigen. Es wird also ein Liegerad sein, speziell für mich."[43] Um aber Fahrrad fahren zu können, muss mithilfe der Fernbedienung der passende Modus (2nd Mode) der Prothese eingestellt werden. Auch andere Freizeitaktivitäten, wie beispielsweise Wandern, stellen für Lisa kein Problem dar, selbst wenn sie dabei felsiges, unwegsames Gelände durchqueren muss. Sollte sie doch einmal stolpern, sorgt der Stolperschutz dafür, dass sie sich schneller abfangen kann und nicht stürzt. Möchte ein Träger anderweitig Sport betreiben und zum Beispiel Eislaufen, kann dieser den sogenannten „zusätzlichen Aktivitätsmodus (3rd Mode)"[44] aktivieren.

Aber auch Autofahren ist für die C-Leg-Träger kein Problem, egal ob es sich um ein Auto mit Automatikgetriebe handelt oder um eines mit Schaltgetriebe. Bei Autos mit Automatikgetrie-

[42] http://www.gehen-mit-prothese.de/de/home/#expand23; 17.09.2012
[43] http://www.gehen-mit- prothese.de/de/home/#expand23; 17.09.2012
[44] http://c-leg.ottobock.com/de/funktionen.php; 14.09.2012

be werden die Pedale an den Fahrer angepasst, sodass er mit dem gesunden Bein sowohl Gas geben als auch bremsen kann. Also wird das Gaspedal entweder links oder rechts von Bremspedal montiert. Meistens bleibt aber das rechte Gaspedal erhalten und das Linke wird zusätzlich installiert, damit es auch anderen Fahrern möglich ist das Fahrzeug zu steuern. Bei einem Auto mit Schaltgetriebe muss der prothesetragende Fahrzeugführer eine Fahrprüfung absolvieren, damit festgestellt werden kann, ob dieser das Verkehrsmittel sicher steuern kann, da er bei solchen Fahrzeugen auch das amputierte Bein aktiv einsetzen muss. Wie auch bei der Genium, wird das C-Leg mithilfe eines Akkus betrieben. Dieser muss ebenfalls circa fünf Stunden geladen werden. Verpasst der Patient das Laden des Akkus, ist er jedoch keineswegs bewegungsunfähig, sondern lediglich das Dämpfungsverhalten wird nicht mehr selbstständig gesteuert und muss somit von Träger manuell eingestellt werden.

Eine ähnliche Prothese der Firma Otto Bock ist das C-Leg compact. Diese Prothese wurde speziell für weniger aktive Menschen, also Menschen mit der Mobilitätsstufe zwei bis drei und einem besonders hohen Bedürfnis in Bezug auf die Sicherheit, konzipiert. Das C-Leg compact senkt erheblich das Risiko zu stolpern und zu stürzen. Diese Funktion wird durch die „mechatronische, hydraulische Standphasensicherung“[45] gewährleistet. Sie stabilisiert das Kniegelenk sowohl beim Fersenauftritt bis zum Umschalten auf die Schwungphase, als auch beim gewöhnlichen Stehen. Daraus resultiert eine hohe Sicherheit beim gesamten Schrittzyklus und beim Stehen. Folglich ist diese Prothese besonders für ältere Menschen attraktiv. Diese Menschen brauchen weniger Angst zu haben das Gleichgewicht zu verlieren und sich durch einen Sturz etwas zu brechen. Auch das C-Leg compact ist mit vielen Sensoren und einem Mikroprozessor ausgestattet. Dadurch wird erkannt in welcher Situation sich der Träger befindet. Dementsprechend kann sich die Prothese in Echtzeit auf jede neue Bedingung einstellen. Die per Fernbedienung zuschaltbare Standfunktion ermöglicht es, die Prothese in einer selbst gewählten, bequemen Standposition erstarren zu lassen.

Erwin V., dessen Lebenssituation ebenfalls auf der Website von Otto Bock veröffentlicht wurde, ist Rentner und Großvater. Früher arbeitete er in einer Werkstatt, nachdem er eine Ausbildung zum Automechaniker abschloss. Der frühere Betriebswirt ist nun Rentner und viel auf Reisen, repariert weiterhin Autos und unternimmt eine Menge mit seinen Enkeln. Das alles wird unter anderem durch das C-Leg compact ermöglicht. Dadurch, dass Erwin V. selbst im Alter und mit amputiertem Bein noch so aktiv ist, wird schnell klar: „Er genießt es, auch in

[45] http://www.ottobock.de/cps/rde/xchg/ob_de_de/hs.xsl/851.html; 06.10.2012

seinem Alter noch so gut in Form zu sein und viel Interessantes erleben zu können.“[46]. Es zeigt sich also deutlich, dass die Entwicklung des Prothesenbaus schon weit fortgeschritten ist, denn aufgrund der Vielzahl an individuellen Anpassungsmöglichkeiten an den Patienten, dessen Bedürfnissen und gesundheitlichen Möglichkeiten führen sie zu einer immer höheren Mobilität und damit verbundenen Lebensqualität.

6 Schlussteil

Mobilität und Lebensqualität hat die größte Priorität im Leben eines Beinamputierten, wie auch im Fall des Hamed H. Dieser spricht wie bereits im Gliederungspunkt 3.3.1 erwähnt, über sein Leben mit der Prothese: „In einigen Situationen braucht man da ziemliche Sicherheit - und von den Bewegungen her, muss man ganz schön was leisten können. Hinterher bin ich immer völlig ausgepowert.“ Dieses Zitat gibt Hinweise auf die wichtigsten Ansprüche moderner Beinprothetik. Trotz der weiten Entwicklung besteht weiterhin das schwerwiegende Problem, dass Gefühls- und Tastsinn im künstlichen Bein nicht gegeben sind. Dadurch ist der Prothesenträger nur teilweise in der Lage Umwelteinflüsse wahrzunehmen und auf diese individuell zu reagieren, was letztendlich zur Folge hat, dass der Prothesenträger oftmals mehr Kraft aufwenden muss, als ein gesunder Mensch. Außerdem sind übergewichtige Personen (Körpergewicht über 125 kg) benachteiligt, weil die Prothesenkomponenten nicht für eine solch hohe Belastung ausgelegt sind. Somit kann diesen Personen keine Prothese angeboten werden. Des Weiteren bestehen Einschränkungen bei Personen deren finanzielle Lage es nicht zulässt sich eine Prothese des neusten technischen Standards anfertigen zu lassen. Finanziell aufwendig wird es auch bei Kindern und Jugendlichen, da diese nach einem kurzen Zeitraum eine neue Prothese benötigen. Denn der durch die Wachstumsphase vergrößerte Stumpfumfang führt dazu, dass der Schaft der Prothese oft erneuert werden muss. Der Sinn einer Versorgung mit hochentwickelten und oftmals auch teuren Prothesenbestandteilen ist somit fraglich. In unserer Seminarfacharbeit sind wir zu dem Ergebnis gekommen, dass sich die Prothesen heutiger Generation zwar auf einem hohem technischen Stand befinden, sie aber bei weitem nicht in der Lage sind, das menschliche Bein, in all seiner Funktionalität, Leistungsfähigkeit und Ästhetik zu ersetzen.

[46] http://www.gehen-mit-prothese.de/de/home/#expand22; 18.09.2012

Abbildungsverzeichnis

Abb. 1 Unterschenkelprothese
http://4.bp.blogspot.com/-zUQXAA6XtNQ/TfzmvI576RI/AAAAAAAAA0c/wpiaJYYHK1o /s1600/capua-been-prothese.jpg (Stand: 14.08.2012)

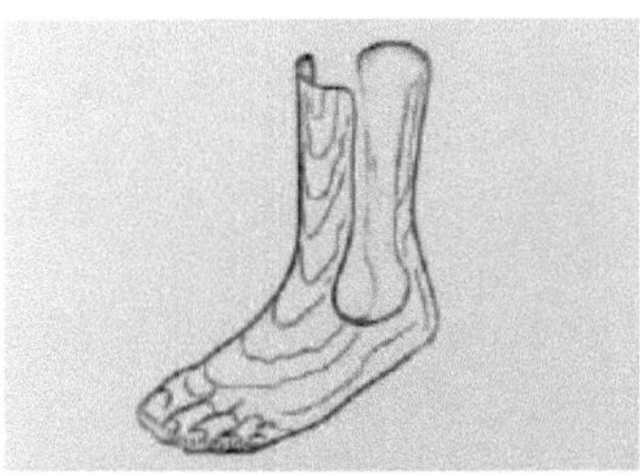

Abb. 2 Holzfuß
Wilfried Knoche, Stefan Bieringer, Beat Rüttimann „Prothesen der unteren Extremität – Die Entwicklung vom Altertum bis 1930“ Seite 49

Abb. 3 Stockstelze
Wilfried Knoche, Stefan Bieringer, Beat Rüttimann „Prothesen der unteren Extremität – Die Entwicklung vom Altertum bis 1930“ Seite 49

Abb. 4 Prothesen der unteren Bevölkerungsschicht
Wilfried Knoche, Stefan Bieringer, Beat Rüttimann „Prothesen der unteren Extremität – Die Entwicklung vom Altertum bis 1930“ Seite 52

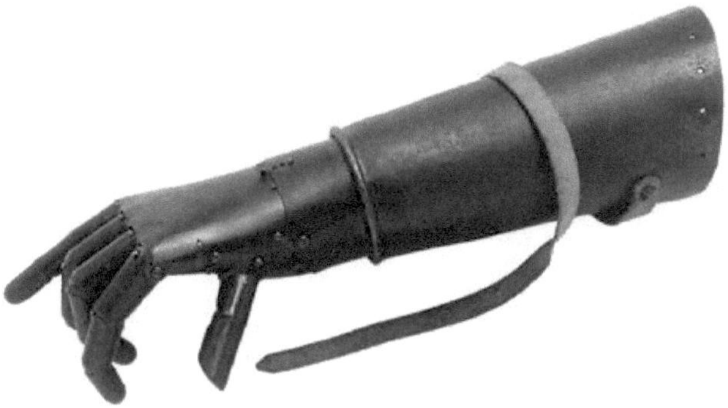

Abb. 5 Eiserne Hand des Götz von Berlichingen
http://www.landesstelle.de/tl_files/images/publikationen/odm_gr/odm_1009_gr.jpg
(Stand: 16.09.2012)

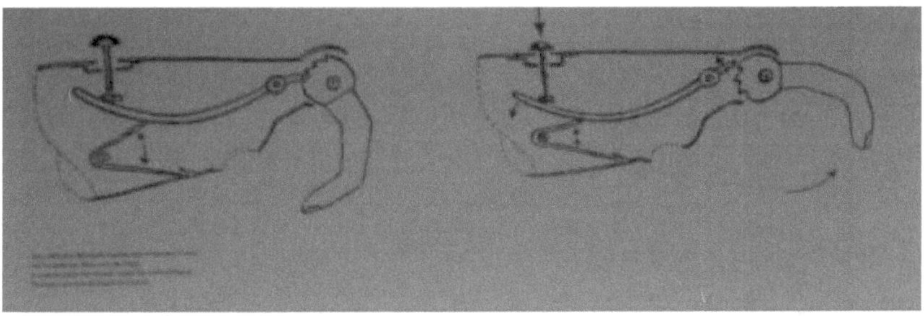

Abb. 6 Funktionsmechanismus
Otto Bock Ausstellung, Duderstadt, eigene Aufnahme

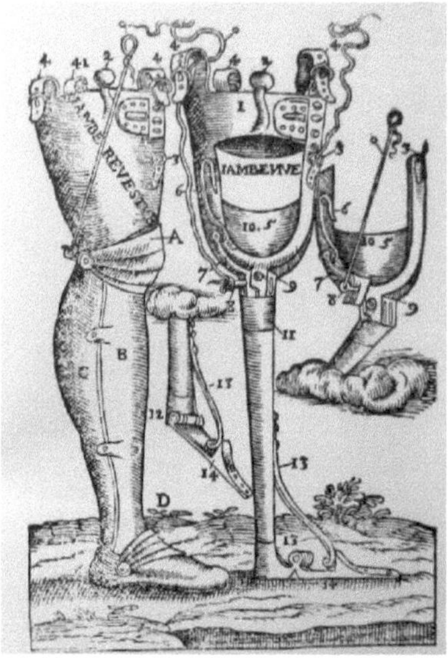

Abb. 7 Prothese mit Scharniergelenken
Wilfried Knoche, Stefan Bieringer, Beat Rüttimann „Prothesen der unteren Extremität – Die Entwicklung vom Altertum bis 1930“ Seite 57

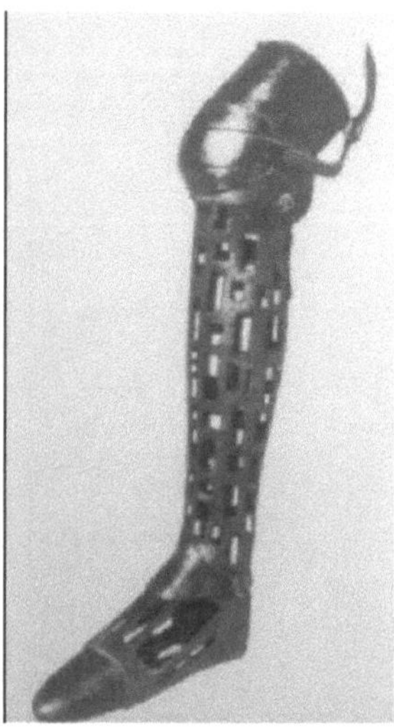

Abb. 8 Eiserne Prothese aus dem 16. Jahrhundert
Wilfried Knoche, Stefan Bieringer, Beat Rüttimann „Prothesen der unteren Extremität – Die Entwicklung vom Altertum bis 1930“ Seite 58

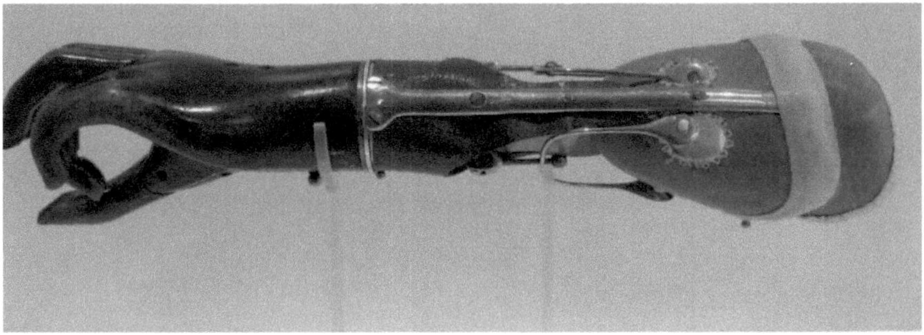

Abb. 9 Sauerbruchhand
Otto Bock Ausstellung, Duderstadt, eigene Aufnahme

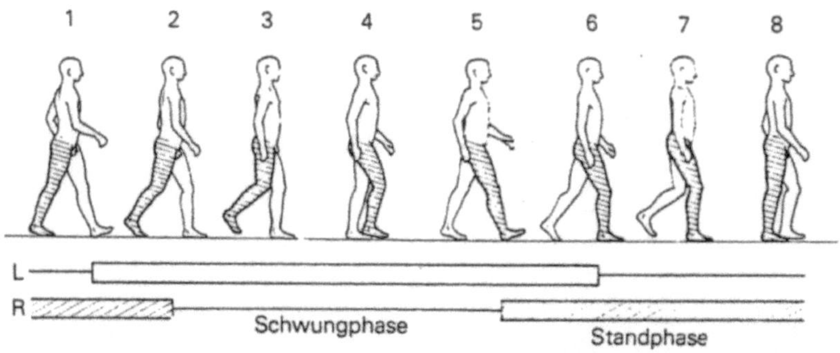

Abb. 10 Gangzyklus
http://t2.gstatic.com/images?q=tbn:ANd9GcRTaTvk3vOlGgXLesunXImH0_FB9yShqtdeuyA CbOspfb8dSF7-xAOPMb02 (Stand: 20.08.2012)

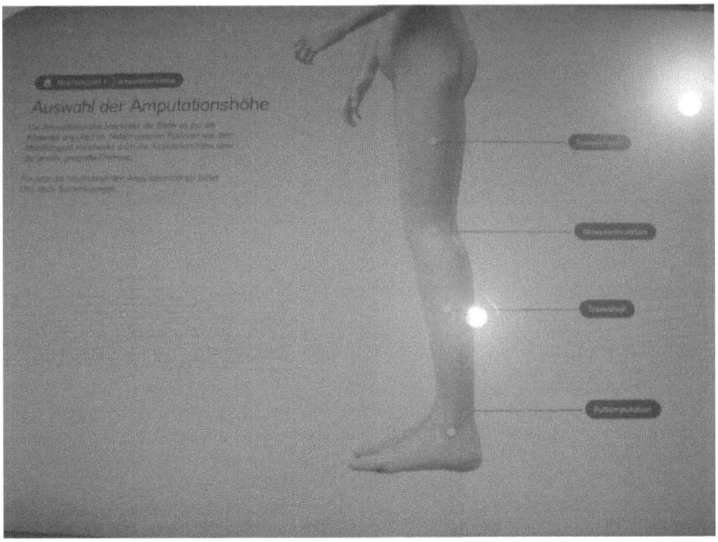

Abb. 11 Amputationshöhen
Otto Bock Ausstellung, Duderstadt; eigene Aufnahme

Abb. 12 Schäfte aus Gießharz mit Carbonrahmierung
Otto Bock Ausstellung, Duderstadt; eigene Aufnahme

Abb. 13 Schaft aus Polytol
Otto Bock Ausstellung, Duderstadt; eigene Aufnahme

Abb. 14 SiOCX® TF Schaft
Otto Bock Ausstellung, Duderstadt; eigene Aufnahme

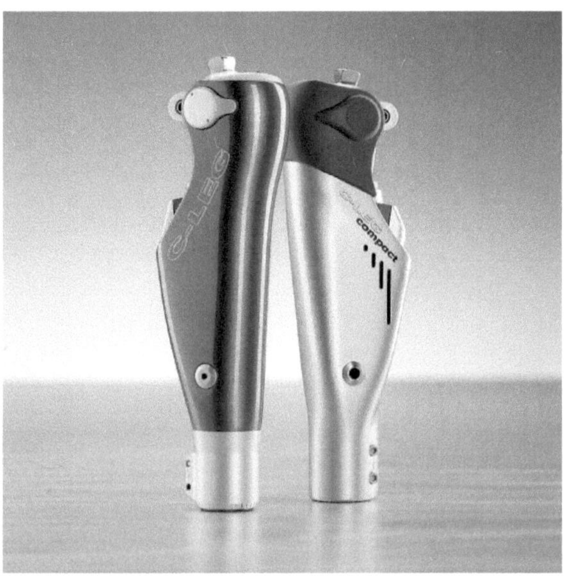

Abb. 15 C- Leg Produktlinie
http://www.orthopaedie-feuerabend.de/images/stories/V2/c_leg.jpg (Stand: 19.09.2012)

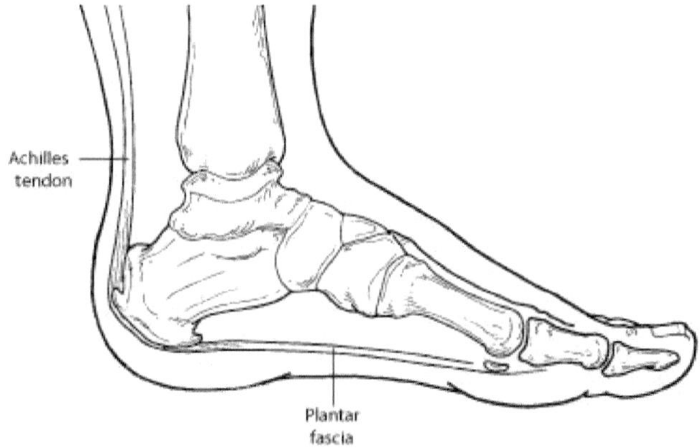

Abb. 16 Plantar Fascia
http://www.foothealthfacts.org/uploadedImages/FootHealthFactscom/Foot_an_Ankle_Conditions/English/heelpain.jpg (Stand 20.09.2012)

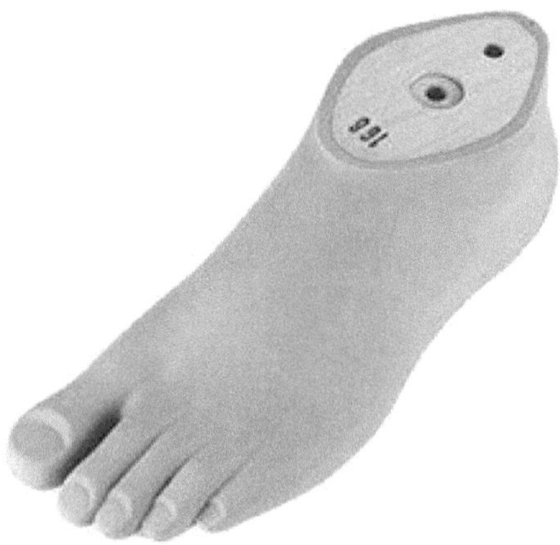

Abb. 17 Leichtfuß
http://www.ottobock.de/cps/rde/xbcr/ob_de_de/img_prod_285x250_1g6_rdax_264x232_85.jpg (Stand. 22.09.2012)

Abb. 18 1C60 Triton Prothesenfuß
http://www.ottobockknees.com/wp-content/uploads/2012/06/Triton-1C60-productMPK.jpg
(Stand 22.09.2012)

Abb. 19 Echelon Karbonfederfuß
http://www.endolite.de/system/html/Echelon_857-113816d8.jpg
(Stand 23.09.2012)

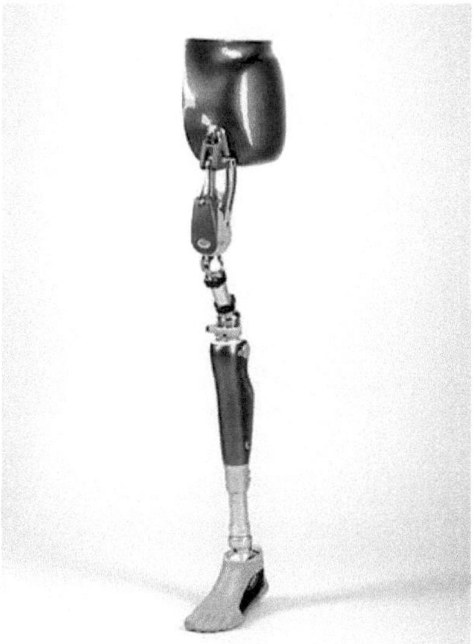

Abb. 20 Helix3D Hüftgelenksystem®
http://www.riepe-hagen.de/uploads/pics/img_helix3d_komplettprothese_rdax_316x439.jpg
(Stand 13.10.2012)

Abb. 21 Mobilitätsgrade im MOBIS® - System
http://www.ottobock.de/cps/rde/xchg/ob_de_de/hs.xsl/24259.html
(Stand: 19.09.2012)

Abb. 22 Gewichtsklassen im MOBIS® - System
http://www.ottobock.de/cps/rde/xchg/ob_de_de/hs.xsl/24259.html
(Stand: 19.09.2012)

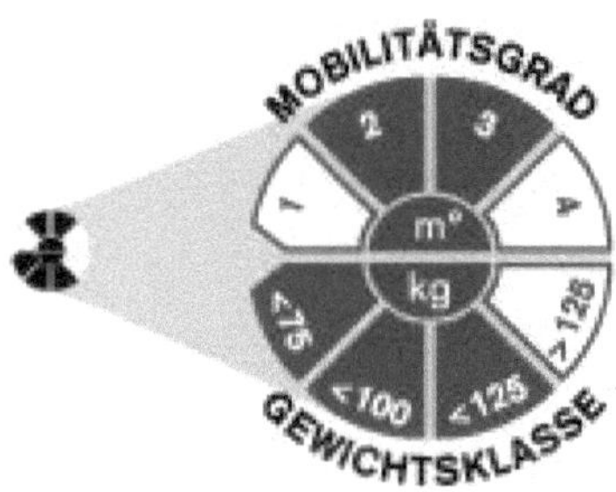

Abb. 23 MOBIS® - System
http://www.ottobock.de/cps/rde/xchg/ob_de_de/hs.xsl/24259.html
(Stand: 2.10.2012)

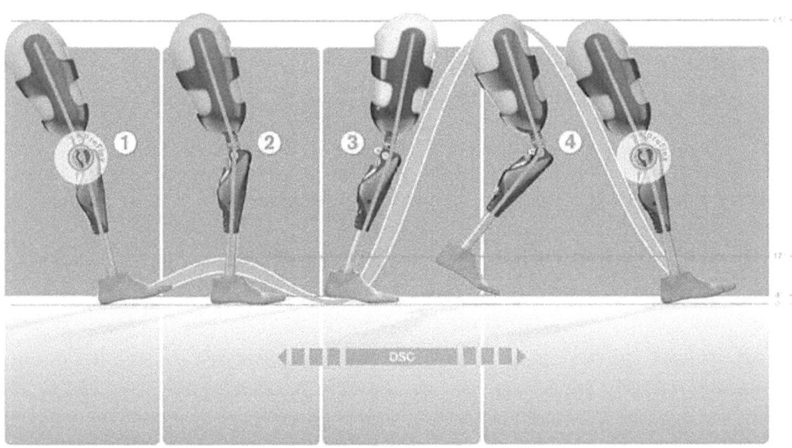

Abb. 24 Bewegungsablauf der Genium

http://genium. ottobock.com/weltneuheit-opg/
(Stand: 10.09.2012)

Literaturverzeichnis

I. Fachbücher

Wilfried Knoche, Stefan Bieringer, Beat Rüttimann „Prothesen der unteren Extremität- Die Entwicklung vom Altertum bis 1930“, Dortmund 2006

Dominieck Beckers, Jos Deckers „Ganganalyse und Gangschulung, Therapeutische Strategien für die Praxis“, Berlin 1997

Otto Bock: Aqualine - Auf ins Nass.; 2011; S. 1

II. Internetadressen

http://www.itgoberfranken.de/gensler/www.Mittelalter/behi/behinderte_im_mittelalter.htm; 14.08.2012

http://de.wikipedia.org/wiki/G%C3%B6tz_von_Berlichingen; 21.09.2012

http://de.wikipedia.org/wiki/Ferdinand_Sauerbruch; 30.09.2012

http://de.wikipedia.org/wiki/Sauerbruch-Arm; 03.10.2012

http://www.ottobock.de/cps/rde/xchg/ob_de_de/hs.xsl/24259.html; 19.09.2012

http://www.ottobock.de/cps/rde/xchg/ob_de_de/hs.xsl/603.html?id=8417; 19.09.2012

http://www.ottobock.com/cps/rde/xchg/ob_com_de/hs.xsl/24272.html; 19.09.2012

http://www.ottobock.de/cps/rde/xchg/ob_de_de/hs.xsl/603.html?id=8417; 02.10.2012

http://www.wido.de/fileadmin/wido/downloads/pdf_krankenhaus/wido_kra_amputation_1104.pdf; 09.10.2012

http://www.ottobock.de/cps/rde/xchg/ob_de_de/hs.xsl/20389.html; 31.08.2012

http://www.ottobock.de/cps/rde/xchg/ob_de_de/hs.xsl/44176.html; 01.09.2012

http://www.ottobock.de/cps/rde/xchg/ob_de_de/hs.xsl/20393.html; 01.09.2012

http://www.orthos-hamburg.de/prothesen_kniegelenke.html; 07.09.2012

http://c-leg.ottobock.com/de/technologie.php; 18.09.2012

http://www.ottobock.de/cps/rde/xchg/ob_de_de/hs.xsl/15031.html; 13.10.2012

http://www.ottobock.de/cps/rde/xbcr/ob_de_de/Dialog_MS_rehacare_2011_09_06_D_final_w.pdf; 18.09.2012

http://www.gehen-mit-prothese.de/home/#expand24; 6.09.2012

http://genium.ottobock.com/weltneuheit-opg/; 10.09.2012

http://www.gehen-mit-prothese.de/de/home/#expand23; 17.09.2012

http://c-leg.ottobock.com/de/funktionen.php; 14.09.2012

http://www.ottobock.de/cps/rde/xchg/ob_de_de/hs.xsl/851.html; 06.10.2012 http://www.gehen-mit-prothese.de/de/home/#expand22; 18.09.2012